当爱到来时
此生遇见灵魂伴侣

[美]保罗·费里尼 著 王一一 译

When Love Comes as a Gift
Meeting the Soulmate in this Life

华夏出版社
HUAXIA PUBLISHING HOUSE

图书在版编目（CIP）数据

当爱到来时：此生遇见灵魂伴侣 /（美）费里尼著；王——译.—北京：华夏出版社，2014.8

书名原文：When Love Comes as a Gift: Meeting the Soulmate in this Life

ISBN 978-7-5080-8156-4

Ⅰ.①当… Ⅱ.①费…②王… Ⅲ.①心理学—通俗读物 Ⅳ.①B84-49

中国版本图书馆CIP数据核字(2014)第142781号

Copyright August 2009 by Paul Ferrini
All rights reserved including the right of reproduction in whole or in part or in any form.
Simplified Chinese Copyright © Huaxia Publishing House 2014.

版权所有，翻印必究
北京市版权局著作权登记号：图字01-2013-6861

当爱到来时：此生遇见灵魂伴侣

作　　者	[美]保罗·费里尼	
译　　者	王——	
责任编辑	王占刚　陈　迪	

出版发行	华夏出版社	
经　　销	新华书店	
印　　刷	三河市万龙印装有限公司	
装　　订	三河市万龙印装有限公司	
版　　次	2014年8月北京第1版　2014年8月北京第1次印刷	
开　　本	880×1230　1/32开	
印　　张	6	
字　　数	80千字	
定　　价	29.00元	

华夏出版社　网址：www.hxph.com.cn　地址：北京市东直门外香河园北里4号　邮编：100028
若发现本版图书有印装质量问题，请与我社营销中心联系调换。　电话：（010）64663331（转）

目 录

001　序　言

第一部分

003　风　暴
007　众神之火
011　和　平
014　被缚于海潮
018　库　兰
020　共同能量
022　晨　吻
027　心灵的召唤
028　闪　耀
031　抵　抗
033　拜　访
035　幽　会
036　遇见挚爱
038　林荫道上

第二部分

043　清醒的梦
045　极　乐
048　喷　泉
050　火焰中舞蹈
052　典　礼
055　新大陆
056　祈　祷
057　臣　服
058　丰饶的羊角
060　准备就绪
062　受　苦
064　安魂曲
067　正在进行的作品
069　母　亲

第三部分

073　慈悲的心
075　呼　气
083　旅途的仪式
085　梦的序列

第四部分

091　狂喜的能量

095　臣服的恐惧
097　严酷的考验
100　穿过那扇门
102　织　锦
103　信
111　潜　鸟

第五部分

115　自由与奉献
119　饮下灵药
124　完全沉浸
128　放下水桶
130　第一顿晚餐
132　生命之树
135　回　家
138　爱的舞蹈

第六部分

143　田野上的百合花
149　被偷走的心
151　斯芬克斯之谜
158　泪　水
161　选　择

第七部分

- *165*　彻底的接纳
- *166*　神圣的伴侣关系
- *168*　深　化
- *170*　显　圣
- *172*　显　现
- *176*　导　师
- *181*　爱人与挚爱相遇

序 言

每一位与我们共舞的伴侣都教会我们一些事情并给我们带来新的连接方式。通过每一位伴侣，我们触及了与他人建立连接的可能性。在此意义上，灵魂伴侣不仅仅是一个人，而是一件正在进行的作品，一块由光与影、希望与恐惧编织而成的织锦。

我们的每一位爱人都让我们准备好与神性相遇；每一位都为我们带来了功课与礼物；每一位都与另一位不同，都带来更深刻的礼物与更有说服力的功课。

当我们学着以自己为荣的时候，我们就吸引来了挑战我们的伴侣，让我们对自己做出的决定更加清醒。逐渐地，我们对在每一层次上建立亲密感的可能性敞开心扉。

当我们彻底完成内在工作的时候，全心的拥抱就向我们敞开了。之后这就不再是一件世俗事务，这是灵性进入肉体，这是爱的驻留，祝福我们并让我们升华。

这既是一份礼物也是一种责任，既是一个已经做出的承诺也是一个已经实现的承诺。

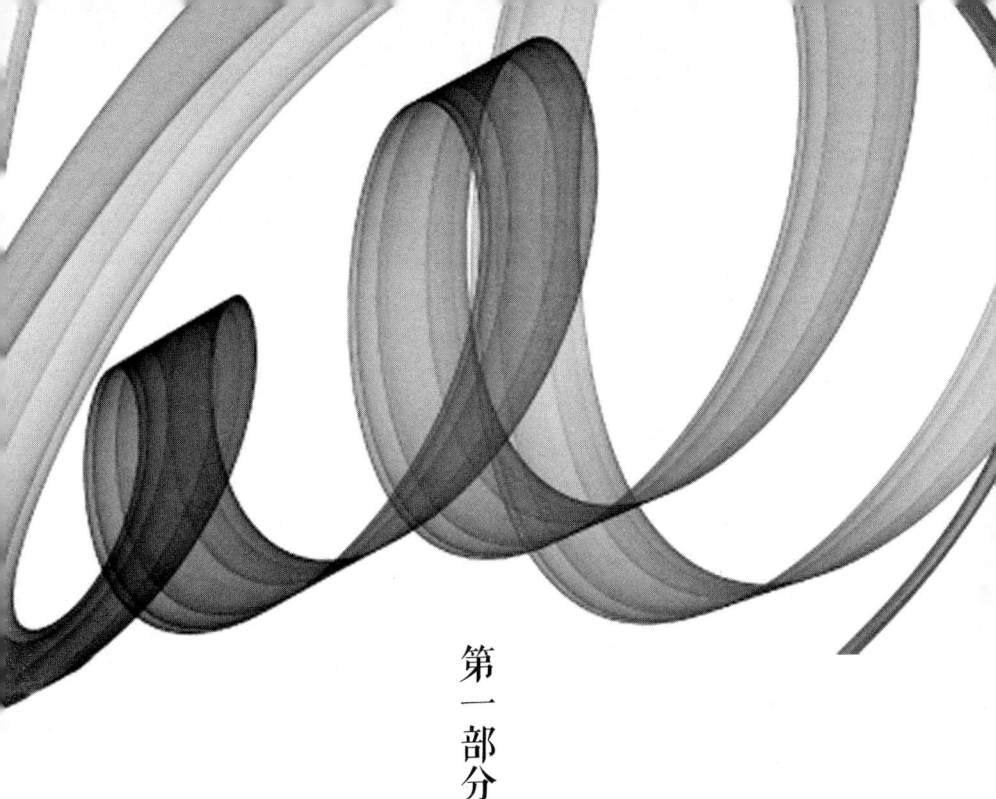

第一部分

风暴
众神之火
和平
被缚于海潮
库兰
共同能量
晨吻
心灵的召唤
闪耀
抵抗
拜访
幽会
遇见挚爱
林荫道上

风 暴

雨，如觉醒的临在，落进心里，洒向大地。屋后的湖面，被无数雨滴击打着；连绵的黑云，使暗夜降临；湖水涟漪，任疾风推搡。

你的双手在我身体上也引发了同样的触动。我仿若被龙卷风席卷的棕榈树，风围绕它旋转，仿佛要把它连根拔起，置它于灭绝的边缘。

没有任何清醒的男人或女人，愿意被这样穿透。风暴和雨水俘房了一切，甚至连池塘里的鸭子都被这天旋地转的世界席卷，它们拍打着翅膀，立起身来感受这阵风，又回到被掀起的湖水中。

你不一定要成为一只带翅膀的动物，才会受到侵袭。所有活物都被这风暴穿透并储满它的能量。当树木在我们身旁摇撼时，你我就是等待被落叶、树枝与树皮充满的子宫。

昨晚在海滩上，我们对彼此充满了同样的渴望，我们在沙滩上翻滚，仿若两只饥饿的小狗。然而，这其中有某种完全非个人的因素。当浪花在岸边破碎又抽身回去的时候，风暴在我们的心间、手上来了又去，捉住任何它能够得着的身体部位，然后再放开。

如果没有自然的话，我们将无法理解那推动与拉扯我们内心的海岸与草原的力量，以及眼睛与手划过它们时的涟漪。身体中每一个细胞都苏醒了，它们随意活动，好似佛教的手印或舞蹈。而我们则是海滩上的两个武士，在盘旋的黑云下、银色的沙滩上手持蓝光魔杖。

小鸟从心中飞出，栖息在我们脚边。我们是这被搅动的世界的一部分，是超乎寻常之见的狂喜的仆从。我们的吻不是吻，而是夜间入侵的军队，占领世界，并在第一束光出现的时候消失。

你不是一个女人，我也不是一个男人，我们是另外某种存在，用我们的胳膊、腿以及躯体跳出激动人心的舞蹈，指挥雨与风来到海滩上。我曾经以为灵魂伴侣跳的是另外一种舞蹈，但我完全错了。

这种舞蹈超越你或我。它生于我们血液的流动，并通过骨骼升起它的能量。它本身与你或我的身体无关。我们只是它临时的主人。

它的能量在进入我们的身体时并没有请求我们的允许。而当它离开时，也同样不会征得我们的同意。

我们不能说什么，也不能抗议它侵犯了我们的边界。当风来到的时候，任何肉体都变成了风，当湖水上涨的时候，所有的手臂都像鱼鳍一样在汹涌的水中游动。

对此，我们毫无防备。

在风与浪的婚礼上，星星在天堂里闪烁，心灵在某种神秘的仪式中被撼动，只有我们的身体能够理解这种仪式。身体如面纱般摇曳于风中，终得自由，留下我们赤裸的内在，如同经历初次风暴而幸免的诺亚，用天空中雷电和湍急水面上光的爆发，震动着世界。

在这狂喜的世界里，身体是你付出的代价。它被风拂过，单腿旋转，并根植于风暴隐藏的中心，颤抖的四肢好似龙卷风中的帆被推动着，旋转了一圈又一圈。

鲁米知道这些，但他没有告诉我们。如果我们知道我们会被伤害、侵犯，被任何比我们所知道的力量更强大的力量穿透，我们就不可能来到这片海岸。如果我知道的话，甚至连你双眼的力量都不足以把我推入这里。我将退缩。我将把海岸留给风，留给雨，留给黑色的低沉的云。

当大地与天空的能量相会时，湖水的镜面就不再空泛。在它之中充满了愤怒的神明，他们在某种陌生的仪式舞蹈中摇摆。

所有寻找灵魂伴侣的人啊，请你们小心。灵魂伴侣不是你们期待的那般温柔。他是湿婆，而她则是萨克提——风暴的化身。

当灵魂伴侣到来时，你将无法度过黑夜。你一生紧抓不放的东西将被去除。

众神将在你被撕裂的身体上舞蹈。因为他们知道，你终会变得谦卑而顺服。

众神之火

今日我在燃烧,
如同被风驱赶的火焰,
在树木之间跳跃,
席卷山巅。

火势无法被控制。
只要风在吹,它就燃烧。
如果你靠得太近,
你也将被点燃。

你确定你准备好了燃烧,
罄尽余生?

我似乎别无选择。

一旦闪电经过，
附近的树木就被点燃，
好似从另一世界来的风吹起，
与我会面。

人们停下来问："你还好吗？
一切都好吗？"
我能说什么呢？
我如何一如往常地继续？

当我们的眼神相遇，我们的泪水涌出，
滚落入火焰，
但火焰继续燃烧，
如准备出击的蛇一般吐信。

我知道众神在微笑，
我的心跳着它疯狂的舞蹈，
摇晃，震颤，
直到我被迫跌倒在地。

他们奇怪地拿我的失态与失控取乐。
"我们终于拥有了你,
在我们需要你的时候。"他们告诉我。

就像普罗米修斯,
我学着燃烧而不消耗,
跃过空气,
而不移动。

这就是知识的回报或代价吗?
或许两者皆是。
现在你也必须付出代价。

宙斯把他的光之匕首,
刺入你脊柱的底部,
点燃被高高摔在海滩上的漂流木。

现在我不是唯一燃烧着的人了。

我们必须接受神圣意志的考验,
如果我们要与它成为一体。

过程有痛苦,也有狂喜。
我们无法从这一拥抱中逃离。
我们缠绕在一起,
就像生命之树的枝丫。

蛇信般的火焰,在咸咸的空气中,
舔舐我们身体每一处扭伤的肌腱,
直到我们失去意识。

此刻我们与生命只有一丝相连,
微弱地听到火焰的咆哮,
知道我们已经相距太远,
而无法被大海拯救。

和 平

当风暴退去后,灰色的天空让位给白与蓝的光亮。大地焕然一新,充满活力。你能嗅到被风暴唤醒的芳香。

湖水很平静,就像变成了一种不同的水体:静谧而安宁,在它朴实的黑灰色的美丽中反映着周围的一切。

尽管风暴强烈、急促,过后却是平静与稳定。大自然的简单韵律再次显现。地球的中心稳健地跳动,我们身体的中心也温柔地舒张,我们的呼吸慢了下来,变得均匀。

我回到这个世界,静静地注视着你的双眼,或牵着你的手走在你身边。一切简单而轻松。我知道我在对的地方。

当你第一次靠近我时,我认出了你,知道你将要说什么:

"你是我的兄弟,我的朋友,我的丈夫。你的声音是我在心灵密室中时常听到的声音。我熟悉它的回音。你尚未用双手抚摸我,但我知道你的手指在我发间穿梭或爱抚我双腿时的感受。我从未吻过你,但我知道你的嘴唇在我嘴唇之上的感觉。当我注视着你的时候,火流击穿我身体的每一个细胞。我了解你。我认得你。你记得我吗?你是否了解我,就像我了解你一样?"

你知道我将如何回答:"是的,我记得你。在你的笑容中,有我所知道的一切的爱,它们升起了,并与我相会。在你的声音中,我听到世世代代女人的声调,我叫她们母亲,或女儿,或妻子。是的,我了解你。但我不敢相信我的眼睛或耳朵,我不敢相信我们如此面对面地站着。"

在湖水的镜面中,我们站着,双目相对,灵魂相对。尽管我们刚刚相遇,我们却不是陌生人。其他人要花好些年知道的关于你或我的一切,我们都已知晓。这里完全透明,因为我们之间不可能有秘密。

当我们散步,我的双手放在你的臀部的时候,它知道它一直在那儿,你的臀部也知道。我们不像恋人探索对方那样抚摸彼此。我的身体早已知晓你的身体。我的灵魂早已知晓你的灵魂。我们漂流进彼此,好似两种能量汇合,没有界线。我感受到你的感受。

如果没有这种能量让我们自在地在彼此之中穿梭,我们的行为可能就会很可疑。我们可能会被谴责,被认为是不健康的连接、牵连或相互依赖。但伴随着这种能量的话就没有任何不合适或不健康。当我抚摸你时，那不是我在抚摸你。没有我和你，只有抚摸。抚摸的人与被抚摸的人是同一个。

每个人都想这样。人们去工作坊，阅读关于灵魂伴侣的书籍，希望学习如何在他们的人生中创造这种关系。但他们都是在浪费他们的时间与金钱。

这种关系无法被创造。它是一个礼物。

礼物到来了。它不像我们期待它来的那样而到来，也不在我们期待它来的时刻到来。它依其自身来临，根据自己的计划而动。它敲门，我们开门。

就是这样。

当你心爱的人站在门槛另一边的时候，你不能对一扇敞开的门说不。你不能不穿过那扇门。你能拒绝那个人，或能拒绝那个被赐予你的礼物，这样的想法完全是荒谬的，甚至连最极端的虐待狂都无法做到。

你或许能够拒绝或推开一份较少的爱，但你不能拒绝或推开这样的爱。它席卷你，占据你。你不能置身事外。

我们的身体就像充满能量的磁铁。磁极已经就位。一旦我们敞开心扉，吸引是如此强烈，如此有力，没有什么能让我们分开。

被缚于海潮

寻找匹配的贝壳,
是徒劳的。
风浪遗留下来的每一块碎片,
都是独特的,
证实着孤单的旅程。

但微弱的希望确实幸存,
某个眼睛看不见的地方,
可能生活着另外一个贝壳,
拥有相似的形状与色泽,
在破碎的浪花中闪闪发光。

表面上,我们知道,
我们的连接将是不完美的,

要找到我们追寻的，
我们就要走得很深，
并承受海浪的推搡和拉扯。

真爱促使我们潜入表面之下，
贝壳在那里摇摆、翻滚，
被扔到海滩，
只为再次被退回的浪潮拖拽回去。

在那严酷的考验中，
我们被海浪的轰鸣震聋，
被清澈的闪耀于海浪之上的光芒照瞎，
当海浪在沙滩上摔得粉碎的时候。

这就是炼金术发生的地方，
它让恐惧归于自身，
雕刻出一个屈服的空间。
这是信任诞生的地方，
在这里，爱能够进入。

就在那个深邃的地方，
我听到你呼唤我，
感到不知如何靠近你的绝望。
但这一切已经结束。

你眼中的光亮，感恩的泪水，
诉说着业已完成的，
卷帙浩繁的内在工作，
只为产生这种共同的能量，
这种合二为一的连接。

说得够多了。

在这个地方，只有心灵能够言说，
而它们却保持沉默。
我们的故事由海潮写成，
被沙滩埋藏，
越过肤浅的探寻者所触及的范围。

有一天，另外一只手将伸进来，

从海浪中拾起这枚贝壳,
之后我们的故事将会被人知晓。
但现在,它是一个谜,
只有我们能够知道。

让其他人来敲这一扇门。
它将不会打开。
爱情的谜只向爱人敞开自身,
只向那些冒一切风险的人敞开自身。

没有任何其他人可能会理解。

库 兰

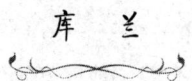

你得知，你被印于我的每一个细胞中。现在我们知道，这不仅仅是说说而已，它是启示。

随着我们的细胞在共鸣中震颤，我们周围形成了一个能量场。一个旋涡包围并席卷我们。当我们在精神或心灵上跨出去哪怕一尺，我们都能够感到能量表面的撕裂，以及拉回安全中心的拉力。在这一能量体中有共享的心跳，一个共鸣之弦，把每一个单独的音符吸收入它们的和声。

这是肉体之爱的能量体。它与诞出我们所知的圣人耶稣是同一躯体、同一子宫，两个平等的灵魂在他们绽放的时节生出了他。

这个处女之子并不来自于玛利亚的子宫，而是来自于约瑟和玛利亚的与圣灵共振的能量体。它们把生命带向生命，把光带给光。最伟大的平等精神法则的地球导师生于两个平等的人，男与女——在他们生命的盛时。耶稣就是那个子宫的果实。

在旋转的世界中，子宫是一座庙宇，是采集与印记的地方。它是内在的圣地、孵育房，是双手触及之地的心灵。

子宫封存、守卫、保护正在发育的胚胎，使它免于世界的欲求与束缚。在出生以后，另外一层保护膜降临，来为孩子提供情感支持与保障。最后，子宫成为一间被许多爱的导师充满的教室。他们接受了年轻的耶稣并祝福他。他的父母为他准备得很好。他被很好地平衡与协调，是男性与女性能量的完美和谐。现在他被交予他的导师们。

七岁时，他进入库兰山洞深处那所隐秘的神秘学校。在那里，他被教授祈祷的力量，并敞开接受神圣的能量。在这座隐藏的庙宇中，永恒的教导给他启示，他准备好了精神之旅。十四岁的时候，耶稣已经获知他的天命。

玛利亚与约瑟的果实从子宫出来，进入世界期待的怀抱中，那是在他们的光芒之中闪烁着的光芒，是带着真理、充满热情的年轻导师。

共同能量

爱的能量并不产生于一,而产生于合二为一。那是清除边界的磁力,让两者的本质互相渗透、混合。

从真爱的联合中,新的造物出生了,爱人们本身也被转变。爱人的共同能量产生出神话中所有神秘的生物:独角兽(蹄与翼,大地与天空的联合)、萨提尔(人与公牛,理性与性欲的联合)、美人鱼(女人与鱼,知觉与感受的联合)。这些造物象征着精神上统合的真正状态。

灵魂伴侣的联合既不是同质的,也不是相互包含的。它是变动不居的、充满渴望的、爆发性的。它在一种交互的电流中表达出强烈的男性能量与强烈的女性能量。它完全充满活力,分化两极。

没有彼此的话,爱人们就不能同时在时空中表达两极。而彼此在一起,他们就能毫不费力、有节奏、欢喜地去完成它。每个靠近他们的人都感觉到他们的能量并被它改变。

他们经由一种深邃无边、无法被言说的向往来到彼此身边。这是他们本质的力量与轨迹。但是为了找到彼此，每个人都必须改进与成熟，每个人都必须变得强大和完整，每个人都必须放弃囿于她/他内心的爱的桎梏，唯有如此他们才有可能相会。

当结合的时刻来临时，最终的桎梏就会被释放。之后，他们就会被永远改变。

晨 吻

一个吻的代价是什么？你的生命！——鲁米

在睡眠的遮盖下，
身体清醒地躺着，
拢集自身，
在云朵与清晨四点的海豚音之间。

我感到你在我身旁，
却又有千里之远，
在那里，太阳坠落地平线之下，
消失在记忆里眼泪的海洋中。

你巧妙地掩饰起你的痛苦，
但在夜晚，

面纱揭开，
鬼魅出现，
它们在水面舞蹈，
水面是船只下沉的地方。

不，你不应承受，
那搁浅的碎片，
在那里，你消失不见，
与船只一起，
你的桨随水漂浮，
你的孩子四散于风。

但我记得你，
当你曾经，骄傲地走过，
古老城市的街道，
你白亚麻的长袍，
被地中海轻柔的微风掀起。

你的微笑，
牵引所有注视你的人的目光。

不,你不应承受,

这奇怪的声音,

与不安的梦,

萦绕的夜。

轻轻地,我把我的手,

放在你背上,

当你转过身,

我的手从未停止抚摸你,

在我们分别的每一夜。

不要害怕。

现在我有舵柄。

天空如何围绕我们旋转,

都没有关系,

我们将经受住暴风雨的考验,

并回到港湾。

当我倾听你的呼吸之时,

我听到有声音在吟唱,

看到身体舞蹈,
在圣火周围。
我们的爱被献祭,
早在这次之前。

那时我们被交付于彼此,
但还有要从别人那里学习的课程。
时空来到我们之间,
那包裹我们的壳,
被拉扯成碎片。

此时参差的边界,
被起伏的海浪,
磨平打光。
它们不能完全彼此适应,
一如往常。
每一半都学会了独自舞蹈。

但关于如何与何时结合的记忆还在,
双臂与双腿,

眼睛与眼睑天衣无缝地配合，
那不可分裂的整体的记忆还在。

今日黎明来临，
被云朵爱抚，
被温柔的、灰色的风吹拂，
你起身开始你的一天，
正如你开始任何其他日子一样。

只是今天不一样了。
今天充满从未听过的，
来自过去的声音，
孩童吟唱的天使般的声音，
在夜晚的边界。

今日，给出的承诺被接受，
这里，在温柔的灰色光芒中，
心房打开，嘴唇张开，
这是我们生生世世等待的吻。

心灵的召唤

眼睛是灵魂的光,那里有海洋般的深度。每日我们都走入更深处。被毁灭的恐惧无力阻挡我们。我们明白,湮灭在彼此之中,是我们的命运。

就像水,你无限强大。在你的盛怒中,你能够撕破我的船身,粉碎我的船帆,但你更愿意爱抚我、支持我。

此时,我们之内的某种精髓被转化了。失去了自我的保护,我们毫无防备,赤裸裸的。在我们彼此身上没有任何我们能够避免或躲避的东西。

你是我的换衣镜。这一点无法被辩驳或质疑。

闪 耀

今天,清爽的夏日微风轻拂,
就像我的童年一样,
它在跃动的河水中打捞小鱼,
或在田野中玩捉迷藏。

探究每一处隐藏的洞穴,
或山丘倾斜的角度,
高声吟唱仿佛某种走调的浮标,
或鬼魅般的迪吉里杜管。

今日,船帆飘动舒展,
长满树叶的枝丫弯曲并摇摆着,
女舞者的裙摆轻轻扬起,
在她们转身旋转的时候。

今日，光与运动，
侵袭每一个黑暗与固执的事物，
甚至最无生气的表面，
都在微风中闪耀。

今日，没有鲜花或青草，
没有臂膀或羽翼能够抵挡，
持续的、不断复生的，
风的力量。

这是许多年后我们将记住的一天，
这一天，
生命如此锐利、辛辣，
没有任何焦虑或顾影自怜的想法。

跳跃的光，
能够经受光明，
或囿于被风吹拂的云朵的影子中，
当它们飘过头顶之时。

今日，死亡来了又去，
没有留下一丝痕迹。
没有事物停滞，
或逐渐停下。

没有事物腐败或溃烂，
遮蔽或依附。
万物运行，迅速而优雅，
生命以其丰盛主宰。

抵 抗

有时,这个能量如此炽烈,好像我将要失去意识。它令人不安,让人失去重心。我不知如何改变自身来包容它。

它向我要求某些我尚不知如何给予的东西。它要求某些我尚不愿做出的牺牲。

当我试图后退并把我们之间的连接踩于脚下时,一种黑暗的绝望出现,我意识到我不能到那里,我不能转身离去。过去的防卫机制不管用了,我甚至无法使用它们。

只要我继续相信你是你而我是我,我就能做出分离的姿态,但之后,这些姿态被摔得噼里啪啦,在黑暗中粉身碎骨。我知道分裂是一个假象,一个陈旧得无法再被相信或容忍的假象。

当这一真理被接受时,能量以其全力回归。它像海浪般从地球的腹轮升起,在太阳神经丛与心轮之间移动。它想要一路冲破喉轮和第三眼,并在顶轮被释放。

我想要停止抚摸你，停止在已经燃烧的火上浇油。但停止是不可能的，所有熄灭火焰的思想的图谋都是无用且无关的。双手无法停止抚摸，就像心脏无法停止跳动一样。只要体内还有呼吸，火焰就将燃烧。

是的，这是一种受难，但我必须记住基督会接受一切。身、心、灵正在灵性之火中被净化。任何非真理，任何抵抗，任何恐惧、怀疑或不和谐都将被交给火焰并付之一炬。

拜 访

她不是一个平凡的人类。

尽管她以女人的身体出现,
她的美,
超越用光与温柔灌注着的,
那个优雅身体的美貌。

注视着她闪烁的蓝色眼睛,
我试图向她坦白我的感受,
但语言从我的嘴唇上被偷走,
在我能说出它们之前。

尽管我的双手在燃烧,
我却不能爱抚她的秀发或面颊。

我靠得越近，
她的身体消失得越快。

好像我们的拥抱，
发生在这些身体存在之前，
并要坚持越过那个面纱，
当它被撕碎之时。

小心你所有的爱人。
尽管你对此十分渴望，
你却不理解，
它将永远改变你。

幽 会

　　海滩成了你的婚床。风是藏在月光中某处的舌头，在那里，沙子为适应你的体重而移动。

　　现在，蜜蜂飞向它最喜爱的花朵。当它吸食时，它便因为神的食物而沉醉，并蹒跚地从内心的圣坛走出，微醺摇摆，忘记它还有翅膀可以飞翔。

　　世俗的转变已经开始。舞动的身体在火焰中变得柔和，并邀请所有萨满参加。现在，我们爬上雅各的天梯并航行，进入黑暗的天空，去那些超越时空的目的地。

　　我的双手在你的臀部移动，并顺着你背部的曲线把你揽入我全身的拥抱。你是焰火，但我是拥抱你的天空的黑暗子宫，是当你的身体完全释放时落入的强壮臂膀。

　　天国的战车从天空降下，乘着声与光的浪，神秘地穿越三维世界。我们不知道它曾来过这儿，直到我睁开双眼开始洗刷掉月光与沙子。

遇见挚爱

年轻人在梦中到我这里来问:"我如何能够遇见我心爱的人?"

"你必须用全部的心去渴望它,"我告诉他,"你必须把对挚爱的渴求摆在所有渴求前面,并对它有耐心。它必须成熟,而你必须变得坚强自信。挚爱不能来到没有耐心的人,或尚未学会深入了解并爱自己的人的身旁。

"挚爱是当一个人学会无条件爱自己时收到的礼物。爱自己并以自己为荣,"我告诉他,"不久你就会听到她脚步的临近。

"没有任何其他东西能为你准备好她出现并与你会面的那一刻。你将被推入一个不同的世界。你的一举一动都带着一种热情,而你并不知道你拥有这样的热情。就像一只疯狂的蜜蜂,你将一头扎进花朵,不在乎你是否能再出来。

"但这只是开始。陷入爱河只是一项更宏大的天命的开端。爱如礼物般来临，但礼物的质量只有在它被理解并应用的时候才能被意识到。那些进入花朵的人必须学习在心中酿造蜂蜜。

"一旦如此，就不会有跳出爱河的情况发生，不会有每次顿悟过后的崩溃，只有高低起伏，你们将随着生命之流一同航行。"

他感谢我并回到梦境的世界。我不知道他从哪里来，也不知道他到哪里去。我只知道这样的一个人将不会失败。

一个引导我们清醒的人生的梦不仅仅是一个梦，它是指南针。它让我们在每一个曲折与转弯处保持在航线上。它让我们面对面……我们是这一点的见证人。

林荫道上

　　红树林沿着那条围绕内陆航道小海湾的木板路曲折回转，小船可以在这个海湾里停靠休憩。浓密曲折的枝干与树叶保护着通往海滩入口的木板路。

　　当你把脸庞转向水面时，我把你揽入怀中并开始从后面爱抚你。我感到你的身体沉入我的身体，并在我的双手探索你的胸部、腹部和大腿的时候以温柔的节奏移动。有一段时间，我们好似红树枝干复杂地缠绕在一起，无法分开。

　　我钦佩你完全的臣服。你全身心信任我，像舞者一样移动，超越了舞蹈的高潮，进入极乐完满的和平。我在你身体中感到这一点。我在你红润的脸庞、眼神的诗意中看到这一点。

　　现在，我开始看到这一切的真理：要想拥有一切，你必须完全交出你自己。通过信任，我们更深地沉入那边界消失、爱人与挚爱融为一体的地方。

　　有一段时间，我们在完全的寂静中休憩，之后，人类的世界介入了。一只发出嘈杂声音的小船发疯般地喷出烟雾。它直直地向我们驶来,然后停下,转向另外一条路。

但侵犯已经发生。烟尘搔弄我们的喉咙,我们被迫从我们的红树天堂撤离。

沿着海滩向北边走,我们丢下了百万地产,走向原始的地方,直到我们被海水与沙子、棕榈与海松包围才停下来。

小鸟在我们身边行走,在破碎的海浪中进进出出,把它毛茸茸的尾部伸入满是泡沫的水中,之后又把水从翅膀上抖落。对它们来说,沐浴就像呼吸。它们时常沐浴,这是它们生命韵律的一部分。

第二部分

清醒的梦
极乐
喷泉
火焰中舞蹈
典礼
新大陆
祈祷
臣服
丰饶的羊角
准备就绪
受苦
安魂曲
正在进行的作品
母亲

清醒的梦

我们只是平凡的人,但爱把它的印记烙于我们之上。爱进入我们的思维并在此安居乐业。爱派遣它的军队进驻我们的心。现在,它们是被占领的国度。

我曾经注意到,你向下看着,假装没有看见我在凝视你。我曾经注意到你编织着那些五彩斑斓的线。我曾经看见你把哽咽编织进堆绣。

你对我的渴求无声而克制,但我知道,在你心中有一团火焰在燃烧。夜晚,我听到你心灵在呼喊的声音。它把我带到这里。

黎明,我在你身旁醒来并注视着睡眠中的你。我温柔地抚摸你,逐渐感受到你身体的回应。当你开始醒来的时候,你的呼吸变得急促。"这是真的,还是只是一个梦?"你问道。

"两者皆是。"我说。我正在从头到脚地抚摸你,但我不在这儿。床上你身旁的地方是空的,床单甚至都没有被弄皱。

你感到我在这儿,但我并不在。我在另外一个地方,梦着你。

极 乐

回到冬天充满冰霜的心,
在光秃秃的树枝旁,
停泊在大地上的山峰,

经过蜿蜒向北的路,
穿过冰封的田野与松林,
回来,

来与你相见,
从另一个时空,
一种现在被遗忘的生命。

今天早上太阳升起,红润而微紫,
在地平线上,弥漫于天空,

从东到西，

在粉红色的渐变光线中。
在宇宙黑暗的子宫中，
太阳是消耗一切的炽烈火球。

这里有一朵花正在开放，温柔的呼吸，
就像当你转身把头倚在我的怀中时，
我所听到的，

我为这臣服的一刻而活着，
不是为了激昂的风暴
或它过后的平静，

而是为了你对我以及我们的信任的温柔举动。
那是能量驻留的地方。

那是它的源头之地。
爱情从那里发生，
在那里回归，

当它的工作完成。

它不是一个挣扎与奋斗之地，
不是行动或结果之地，

而是一个圆满之地，
完整之地，极乐之地，
无始无终。

喷 泉

我们一起进入森林,发现小溪,沿着两旁都是松针的小径互相追逐。你跑得很快,游移不定,好像林中的仙子。我伸手去触碰你,你却跳舞走开,嘲笑我的沮丧。每当我以为我已失去你的时候,我们的眼神就穿过树与花的天篷不期而遇。

有时,在夜晚,你的双眼就是那样。深沉地注视着光的绿色池塘与爱的波浪进入我并在我身体中穿梭。每一个细胞都被从里到外亲吻。每一个夜晚,我的血液都在血管与动脉中搏动,就像在黑暗的寂静中鸣响的鼓。我没有片刻的休息。

当第一束光从东方的山峰升起时,我听到奔流的水声。它从地面跃出,就像间歇喷泉,在我身边形成深深的旋涡。我沉浸入黑色的水,它如此炽热,几乎让我窒息。

我在充满水汽的水中休息,陷入睡眠。当我醒来的时候,你的手指在我的发间移动。

在山间池塘的周围,有一种新的芬芳,一种混合了杏仁与雪松的馨香。我们好奇它从哪里来,却不知道它正是来自我们。

我们变成了一种稀奇的酒。当心那些从这个杯里啜饮的人!

火焰中舞蹈

黎明之前,成百艘船穿过黑暗的水面扬帆起航。它们离得太远让人无法看见,但你能听到它们的引擎在远处隆隆作响。

逐渐地,在黑暗中,船只的轮廓变得模糊并消失,取而代之的是成百的红玫瑰花瓣,在黑色的天空中被撕碎、流血。

当深红色的太阳从黑暗的水面升起时,海鸥与海豚在闪烁的光辉中嬉戏。

旅途是狂喜的。它与能量和反射有关。某一刻我们一动不动地坐着,另一刻却有无法言说的活动。

在佛蒙特的清晨,枫树闪耀着橘色的光。在新墨西哥的破晓时分,白杨在风中闪动着银辉。

每一天我们都被唤醒,奔赴我们的目的地。我们每个人都被召唤穿过夜间航行,并在破晓时分如凤凰般涅槃重生。

我们每个人都被召唤，去承担太阳般的使命：去发光，去燃烧，去照亮道路。

一些人，像我们，被召唤一同燃烧，我们对彼此怀有的想法助长了火焰，好像风干的木料被扔进火中。我们燃烧，但我们未被消耗。只有那些因爱羞怯的想法与感觉在火焰中被舔舐干净。

你看，雕塑大师开始在石头上工作。石板消失，眼睛、双手、嘴唇逐渐显露形状。

因为我们现在彼此纠缠，好像盛放的紫藤萝，其他人都被吸引过来而不知为何。爱人们走来，坐在我们的藤架下面的长椅上。他们轻声细语地说情话，以为没有人曾经这样表达过。

他们尚未知晓我们所知晓的。

去爱就是去死上千次，就是在火焰中被净化，燃烧而不被消耗，因为火不能把自身扑灭。永恒不能变成暂时。我们的舞蹈，一旦开始，就永远不会停止。

典礼

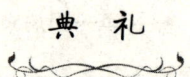

其他人通过牧师结婚。

我们则通过风和雨。
我们在风暴的注视下,
做出承诺,
当风从我们身边吹过之时。

其他人拿着官方文件出现。
我们则伴着,
涂满我们双手与双脚的汁液出现,
只有树木,
为我们作见证。

我们请求拉比,

来祝福我们，

但他不愿意来，

牧师或苏菲部落酋长也不愿意来。

他们惧怕神的愤怒。

他们惧怕，

风与浪会掀起并毁灭他们。

我不因他们不来，

而责备他们。

如果我知道，

你的双眼会带来狂怒，

或你双手在我身上会造成混乱，

我也不会来。

我会待在广场上，

和拉比一起下象棋。

当你的裙边掠过我的双腿之时，

我会闭上我的双眼，
坐在那里，
就像一尊雕塑。

当你邀请我与你一道走进草坪中时，
我会拒绝倾听，
你天真的声音。

但现在一切都太晚，
事情已成定局。
我所过的生活，
业已结束。

现在，我想到的每一个想法，
我感受到的每一种情绪，
在我身体中的每一种感觉，
都属于你。

新大陆

在大海中央的某一处，一块新大陆正在成长，山峰崛起。新的动物与植物在那里安家。孩童躲在绿色的天篷下，坐在深入大地的巨大树根上。没有人否认爱的果实或它的庇护。

你看到，时间的卵正在破裂。外壳撼动，和平鸽在我们上方张开翅膀，这一切都只是时间问题。

祈祷

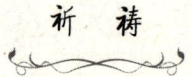

母亲,
我们已敞开心扉。
我们已清空思想。

我们已丢弃那旧的皮囊,
并买下新的,
为了接受新鲜的美酒。

我们已经准备好,
接受你无尽的爱。

臣 服

在这支舞蹈开始之前,你已随着鼓声摆动你的臀部。现在,我跟随着你的脚步进入夜晚。

你的嘴唇比任何时候都柔软。你以一种新的方式把我拉到你身边,如此深沉,如此熟悉,我在想我们俩没有彼此时是如何生活的。

当我们从海滩回到家后,我能够感到你的胳膊以不同的方式栖息在我的肩上。现在,你不惧怕把全身的重量放在我身上。你不再需要退缩。你以完全的信任沉入我。

丰饶的羊角

直到我们俩相互信任,真正的爱之舞才能开始。通向那一时刻的所有仪式都是预备工作。

为了发现共享的心灵,我们必须剥掉分离我们的皮肤,超越我们自私的欲望与需求,放开我们自认为事物应该如何进行的构想。为了留在那颗心中,我们必须足够勇敢,赤裸裸地、毫无防备地面对彼此。

对彼此来说,我们不需要完美。我们只需要在事情不容易的时候,乐意去接受;当我们被压迫的时候,去舒展;当我们受伤的时候,去承认我们的痛苦;甚至当我们无法处理的时候,去感觉彼此的疼痛。

我们对彼此的慈悲打开了一扇通向古老地域的门,一个隐秘的圣地。当我们进入的时候,我们知道这不是我们第一次来到那儿。我们知道是时候完成我们早已一起开始的旅程了。

所有我们在其他时候与其他地方采集的果实现在都能被品尝了。已经有很长一段时间，我们嗅着火炉中烘烤的新鲜面包的芬芳。现在是时候把温暖松脆的面包端上桌，把它们掰开，让黄油在其中融化了，是时候拿出陈年佳酿并把它倒入高脚杯了。

我们为之准备已久的时刻已经到来。再没有内与外、高与低、男与女、你与我。只有融合的精华，以及我们的感觉与我们的说或做之间的深刻一致。

准备就绪

一个人必须准备好，否则他就不会认出挚爱，甚至当他在桌边坐着或敲门的时候也认不出。在没有准备就绪的时候，他会过早地请求离开那张桌子，或者他太忙，当门被敲响的时候来不及回应。

挚爱根据计划出现，但爱人尚未准备好。他的心灵还不够开放，他的眼睛仍期待着挚爱以某种形式来临。他不够灵活，他尚未放弃他认为的自性应该所是的样子。

但是当爱人准备好时，他就认出了挚爱，即使挚爱乔装而来。你不能愚弄敞开心扉的男人或女人。他看透表面，看穿面具。他与微妙的势能相谐调，他辨认出每一条线索。他十分耐心，允许事物自然地展开，没有匆忙或推搡。

他为这次会面而等待多年，另外一两天又算什么呢？另外一个星期、一个月，甚至一年又算什么呢？

如果挚爱的眼睛是绿色而不是棕色，或她蓄短卷发而不是长长的直发,这又有什么关系呢?挚爱矮一点或高一点、大一点或小一点又有什么关系呢?在她身上有某种萦绕于心的熟悉与舒服的气质。

关系毫不费力地展开,没有任何刻意或挣扎。这里没有牺牲。他们付出而不在乎礼物是否有回馈。他们不会犹豫或等待算计。

挚爱料到你的需求,你也料到了她/他的。这就是爱人舞蹈的方式。他们活着是为了给予的比接受的多,爱比被爱多。

受 苦

　　受苦就是与事物之所是在一起,当事物之所是与我们所需要或期待的不一样的时候。既然我们所有人都有未被满足的期待,受苦就是存在于关系中正常的一部分。

　　大多数人通过试图改变伴侣的思想或行为来尝试逃避受苦,这永远不会奏效。唯一能被改变的事情就是我们自己的期待。

　　当我们停止对于他人所没有或不能给予我们的东西的期待时,我们的受苦就变成了狂喜。它在火焰中蜕变成对事物之所是的顺从。反抗被改变成接受。

　　我们学着对唾手可得的现实顺从而不收回我们的爱。我们坚持,我们不屈,我们驻留当下。

　　这是我们送给伴侣的礼物:去接受我们的结合中参差不齐、未完成、不理想的部分,并最大限度地受益于它们。由此我们继续在关系中完成我们的部分。

甚至当童年创伤被引发时,我们都不攻击我们的伴侣,或在愤怒和沮丧中抽身离去。取而代之,我们承认我们的恐惧,并相信伴侣对我们的爱。我们依靠爱的力量去治愈所有感受到的伤痛与不足。

在每一段关系中,按钮都会被按下,伤口都会出现,等待被治愈。每一位伴侣都有他正在试图整合的阴暗面。有时候,我们将看到我们的伴侣被恐惧紧抓。这就是为什么我们的灵魂至关重要的原因,如果我们的关系要承受风霜与历练的话。

或许这就是为什么我们很少在年轻的时候遇到灵魂伴侣的原因。在能够满足并实现我们完全的潜能之前,我们必须学习关系中必要的技巧。因为只有两个灵巧、有力量的人才能生出如此成熟和卓越的结合。

安魂曲

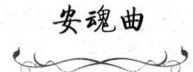

她把爱给予一个陌生人,
　他向她承诺一切。

　她错误地认为,
　她能够找到某人,
　那个人能够爱她,
　比她爱自己更多。

所以,经由上天的安排,
　他成了爱的遇难者,
她则是她自身欲望的受害者。

　身着黑色长袍,
他学习指挥在黑夜起航的船只游行,

它们驶向黑色的水面，

带着蜡烛，

来纪念死去的人。

在那里，他听到，

他未出生的孩子的声音，

警告他，

心能够破碎的次数，

是没有极限的，

并催促他，

沉入一个地方，

超越悲伤或悔恨，

在那里，他能够荣耀他的痛苦，

并从中学习。

孩子们教他，

去悲悯那些，

旅途未能成行的人，

去悲悯那些，
双腿止步在土地边缘，
身体在风浪中被扭曲撕扯的造物，

尽管瘸腿瞎眼，
被浪拍打，支离破碎，
他们都愿意相信他，
他的痛苦是入口，
他们穿过它，
在黎明到来的时候。

尽管他的苦难，
与他们的相比很小，
他却是那个，
真理通过他被言说的人，
当受害者的故事，
最终被讲述的时候。

正在进行的作品

每一段关系都是一个考验，它为了结合而建构我们的力量、增加我们的能力。很少有人会在爱的火焰中死一千次之前遇到灵魂伴侣。在这一过程中，我们意识到我们是谁、挚爱是谁的真相。

就像凤凰，我们必须不断地从灰烬中重生，学会重新相信。如果我们能在失望与背叛中保持心灵敞开，如果我们能学会原谅他人的过失与我们自身的错误，我们将从火焰中重生，更加灵活，更有弹性，不那么自私与倔强，与爱的微妙相调和。

每一位来与我们共舞的伴侣都教会我们一些事情，并给我们带来新的连接方式。通过每一位伴侣，我们触及并体验与他人建立连接的可能性。在此意义上，灵魂伴侣不仅仅是一个人，而是一件正在进行的作品，一块由光与影、希望与恐惧编织而成的织锦。

这是一段意识在不断进步的旅程，但不是直线的。通常，我们会绕圈子，只为了重新学习我们之前尚不能掌握的课程。

我们的每一位爱人都让我们准备好与神性相遇；每一位都为我们带来了功课与礼物；每一位都与另一位不同，都带来更深刻的礼物与更有说服力的功课。

当我们学着以自己为荣的时候，我们就吸引来了挑战我们的伴侣，让我们对自己做出的决定更加清醒。逐渐地，我们对在每一个层次上建立亲密感的可能性敞开心扉。生命的功课为我们接受这一全身心的拥抱做好了准备。

这样，道路已为灵魂伴侣准备好。当她/他来临时，道路将变得笔直而清晰，不再有犹豫或迷惑。

当灵魂伴侣拥抱我们的时候，这就不再是一件世俗或暂时的事务。这是灵性进入肉体；这是爱的驻留，祝福我们并让我们升华。这既是一份礼物也是一种责任，既是一个已经做出的承诺也是一个已经实现的承诺。

母 亲

今天我感到你的痛苦,
以及所有女人的痛苦,
她们在遭受暴力与羞辱,
以及难以言表的行径之后,
发出声音:
被孩子看到的被打骂的妻子,
以及那些无力阻止虐待的母亲。

今天,我感受到,
做出与打破承诺的痛苦,
背叛亲密与信任的痛苦。
我感受到,
我在他人手上所承受的痛苦,
以及我由于不知道我是谁,

或我需要什么，
所造成的痛苦。

但现在，那些日子结束了。
我牵起了你的手。
我把你放在我心上。
今天，我是被送往马槽的新郎，
在那里，圣婴降生。
当你临产之时，
我是那被托付，
牵着你的手的人。

第三部分

慈悲的心
呼 气
旅途的仪式
梦的序列

慈悲的心

你的手指编织着七彩纱线,并从所有黑暗的地方汲取光芒。有一段时间,你是梦的捕手,捕获那些否则会被遗忘或交付于睡眠的图像。"看这些美妙的色调与形状,"你温柔的声音低诉,"它们是你的生命能量,自由而清晰地舞蹈。你不能再隐藏它们。"

我女儿不知为何,但她喜欢你。当有人把你裹挟进他们的爱中,又把你紧紧攫住时,就不难喜欢上这个人。你不需要放弃你的自由而去萨满心灵的山谷中生活。

你感受到她从缺失中迅速收获,但没有去细想它。她想知道动物是否有灵魂,她想知道它们是否也能重生。

你的"确认"为她的伤口提供了药膏。她那只猫咪的死亡似乎释放出她曾掩藏多年的痛苦。她必须花些时间去感受那种痛苦,并从黑暗中复活。

我将不会让她独自进入黑暗。我将举着蜡烛与她一道下到地府，直到她感到足够安全与自信，能够自己举起那闪烁的光。

你与我皆是渡船的保管者。我们把心爱的人摆渡到对岸，不管那是哪儿。在我们能够让他们继续沿着河流蜿蜒的轨迹继续前进之前，我们需要看到他们在另一边是安全的。

情感疗愈与身体疗愈不同。它需要花些时间让我们的伤口愈合，让我们的生命得到修复。但如果我们耐心坚持，治愈就会发生。在爱的国度中没有孤儿，正如在富足的国度没有贫乏一样。

母亲爱她的孩子——他们中的每一个——完全没有任何条件。她照顾他们，直到他们准备好照顾自己。然后她祝福他们，放手让他们走。

呼 气

献给我的父亲林多

我们都试图否认,
海潮不可避免地涨落,
但你选择留下,
把死亡攥在手中。

舒服地裹在,
清新的毯子与床单中,
你闭上双眼,
消失在迅速流逝的水中。

不希望休憩,
你加紧步伐,
走向那未知的海岸,
在那里下沉的云,

与遥远的海相会,

回来只为换一口粗重疲惫的气,
它会推动你,
远离我们,
走得越来越远。

人们曾经恐惧,
如果他们扬帆越过,
那看得见的地平线,
他们会跌落到地球的边缘,

但一些人穿越了恐惧,
并从海上返回,
经过风吹浪打,
为了教给我们,
不论我们在哪儿,

总有一处地平线,
一个超越我们所在之处的地方,

一个超越我们所知之地的土地。

或许这是一个隐喻,
它适用于这个世界,
而不是下一个。

或许你是对的,
没有来世,
当呼吸离开身体之后,
无处可去。

或许,正如你所做,
我们必须接受,
死亡的终极性,
不希望重生,
或复活。

亨利与我在场,
当殡仪人员,
把你毫无生气的身体放入塑料袋里,

像一袋土豆一样把你放进车里，
把你带到火葬场。

今天我们所有的一切，
就是一袋即将被抛洒进风浪中的骨灰。

或许我是个傻瓜，
但你对我来说并不像死人。

今天早晨太阳升起，
在撒切尔岛的后面。
暴烈的绯红色光中，
早上七点，光线如此强烈，
你都不能直视它。

我几乎忘记这样的时刻，
当面纱掀开时，
我们从中一瞥这神圣的世界。

当我从沙滩回来时,
我所看到的一切都充满活力,
狂喜,生动,闪耀着光。

一种能量被释放,
进入世界,
撼动每一种色调与形状……
棕色与橙色的树叶间的风,
水中的影,

狮与豹从岩石跳跃到海滩上……
一切消退或隐藏的事物,
都忽然间显现。

我相信这就是你居住的世界,
不是充满物体的、依附的,
或斗争的世界,

而是能量运作,
并纯洁地融合,

转变它周身一切的微妙的世界。

在这个世界中，
死亡是更伟大的舞蹈的一部分，
许多生命来了又去，
每一个都按照被指派的时间，
没有犹疑或抗议。

你让自己转变得如此优雅，
轻轻地走过，
当你穿过生命时。

今天，
我们庆祝你生死之如此静谧的尊严。

今天，我们宣称，
你永远在你心中，
但让你踏上你充满智慧，
与谨慎路线的旅途，
不管它会把你带向何方。

不久以后,我们每一个人,
都将到那个,
大地终结、海洋开始的地方,

如你一般,
我们都将学会信任海浪,
让它带我们越过,
我们所见或所知的边界。

现在你在那里了,
不只是那下沉的天空,
与起伏的海水相会的地方,
也在我们中间,

与我们一起呼吸,
与我们的声音一起浮沉。

如果我们深深地敞开心扉,
我们就能感觉到你在这里,

超越思想的边界，

在这里，
形式变得透明，
让隐秘的光穿过，
完全而自由。

@安妮·雷里克

旅途的仪式

当我的父亲死于癌症之时,看着他受苦对我来说并不容易,但这是不可避免的。他必须经受这些,而我的兄弟和我必须与他一起经受这些。我们都很感激与他在一起的最后几个月。我们都很感激那些笑容,以及痛苦过后的狂喜时刻。

有一张照片捕捉到了那些狂喜时刻的某个瞬间,那是以撒,我兄弟的儿子,正在对着我父亲的耳朵低语。尽管这是一个无言的时刻,我却听到他说:"林多,你很美丽,我爱你。我很高兴曾注视你的眼睛,尽管只是珍贵的几天而已,我很伤心你正在死去。请不要忘记:我将永远爱你。"你能看到我父亲的脸庞完全舒展,臣服于那一时刻。他感受到关于那种爱的一切,如此天真而自由地被给予。

我确定,对处于痛苦中的耶稣来说,也有这样狂喜的时刻,当他敞开心扉去接纳他的家庭与门徒的爱,当他感到圣灵把他疲惫受伤的身体裹挟入它坚实的臂膀中之时。我更愿意记住那些时刻,而不是在十字架上痛苦的时刻。

我不否认我们的痛苦,我如何能够?我们都背负着十字架,我们之中的每一个人都在其上受苦。但这只是故事的一部分,另外一部分也必须被讲述。当我们信任的时候,当我们放下的时候,当我们敞开心扉接受被赐予我们的爱的时候,那些是我们必须珍视并记得的时刻。

这是当光亮退去、风暴扬起时载着我们的船,这是在黑暗中划行的桨,这是当雨水落下时装满了风的帆。

梦的序列

那是一个梦,

还是梦开始之前,

时光中的一个片刻?

在母亲的腹中,

孩子正在休憩。

她平躺在池塘边缘的一个独木舟中,

那里,

光在触摸着水面的枝叶上玩耍。

有人把她放在,

这个受保护的地方,

从这里他们能被送到,

平静、绿色的水面。

在所有的母亲中，
这一位被无限祝福，
被风亲吻，
被光爱抚。

此刻，树弯下腰，
温柔地举起独木舟，
把它放入洒满光的水面。

这是无法在时光中，
被捕捉的时刻。
镜头，
从摄像师的手中滑落……

母亲与孩童轻轻走入，
暗绿色的水中。

曾有一段时间，

我们也被这样一艘小船摆渡,

当我们越过河流,
从那一个世界到这一个。

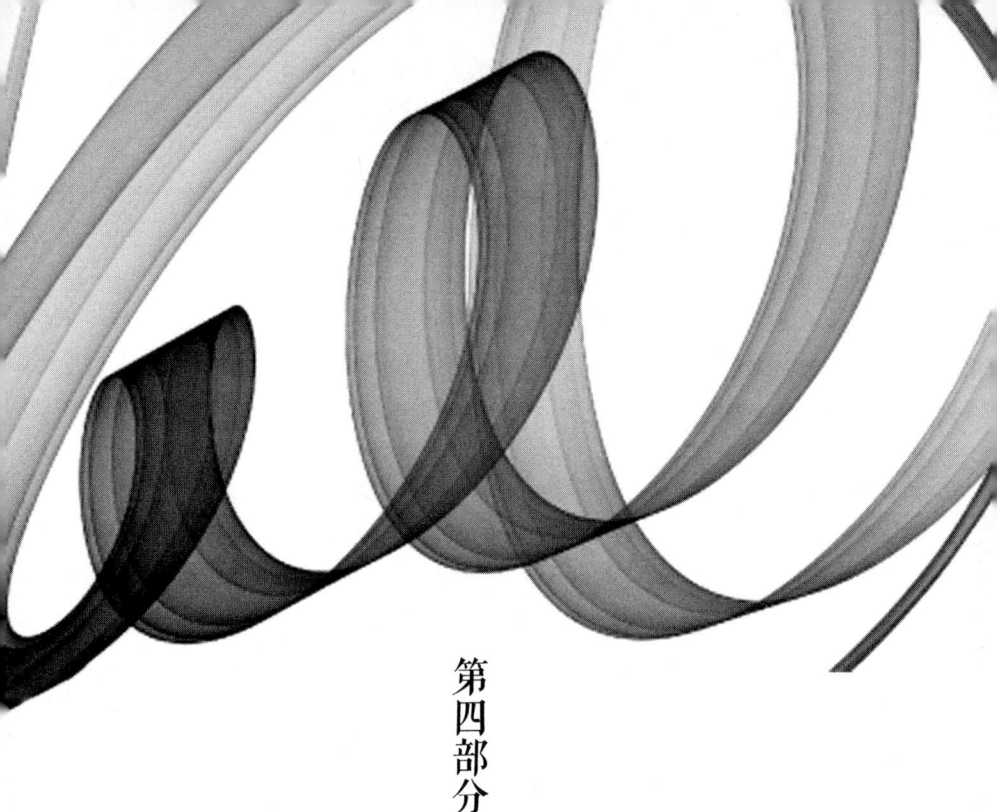

第四部分

狂喜的能量
臣服的恐惧
严酷的考验
穿过那扇门
织锦
信
潜鸟

狂喜的能量

当爱的能量开始显现时,它就提供了一种亲密的全新体验。我身体的每一个细胞都在燃烧。我好似摩西在去往西奈山的路上遇到的燃烧的荆棘。

震颤如此强烈,我想我要爆炸了。我必须开始分享这一能量,因为我不可能容纳它。这一能量是来自宇宙的礼物,一旦接受了,就必须给予。

当这一能量在我体内移动时,我会燃烧起来。当这一能量被他人接受时,他也会开始燃烧。

经历能量的传播的要诀就是情感的接受能力。如果接受者放松并打开心轮,能量将轻松地进入。如果那里有阻碍——任何对爱的恐惧——能量将很难进入,如果不是不可能的话。

作为一个普遍规律,头脑时刻运转的人将不会感受到这种能量。唯一能够经历它的方法是放松,停止去试图把事情想清楚,而只是在此刻敞开心扉。

有一件事很清楚……很少有人能够长时间显现这一能量。这是因为他们必须停留在心灵空间来继续显现它。所以尽管他们非常敏感,当他们回到他们的"大脑空间"中,并被在世间活动的企图占据之时,能量就会衰退。

能量能够在世界中、在身体内被经历,但它本身不属于世界或身体。这一能量超越了世界或身体。它是没有任何条件的爱的能量。

它是在一种非常真实与发自肺腑的意义上,那在心中生根的爱的临在。

为了接受这一能量,必须准备好容器。你必须疗愈你的伤口并敞开你的心扉。之后,爱会伴随着它热烈的火焰进入。

当你显现爱的能量时,你就变成了纯粹的通道,一个心甘情愿的工具。你完全为了奉献与接受爱的目的而存在。

你奉献的越多,接受的也越多。而你接受的越多,你就拥有更多的爱去奉献。这是神圣的永动引擎在你之中,并通过你在世界里工作。

当爱以这种方式降临于你时,你就很难拥有一个人类爱人;很难生活在世界上,去上班,为生活的细节而忙碌;很难看电视，或逛街或做任何需要我们计划、思考或为之奋斗的事情。

你很难与不依心而活的人做爱。你不能以机械的方式抚摸你的伴侣。你对亲密与连接的需求变得更加深切、更加深沉。你需要在所有层面上的连接，你需要一个全心的拥抱。

当爱已在你心中生根，外面就没有任何你想要去的地方。你只是想要注视着挚爱的眼睛，把她/他揽入一个永不停止的拥抱。你想要驻留在这一永恒的时刻。你身体内的每个细胞都与挚爱身体上的每个细胞相连。分离消失了，没有"我"或"你"。

任何不及于此的事物似乎都令人不满意。当爱从体内每一处抚摸你时，爱的外在表达就需要与你内在的感受相一致。你不能拥有一个不充满热情的伴侣，因为他不会知道你所经验的或如何与你分享。

但只有很少人显现这一能量，与这样的另一个人连接也不是每天都会发生的事情。耐心与决心是必要的。

当你始终拒绝接受那些比你准备好分享的更少的东西的诱惑时，你内在爱的能量就会开始把你的灵魂伴侣吸引到你身边。这不是某种可以从理智上理解的事情，它与共鸣或震动的能量有关。

你把与你在相同波段上的人吸引过来。你的振动频率吸引到了另外一个如此的人。你不能让它发生，它凭自身发生，你仅仅需要与之配合。

你不选择你的灵魂伴侣。当你准备好的时候，你的灵魂选择她/他并把那个人吸引到你身边。

在许多层面上，进来的人对你来说都可能是一个完全的谜。从外表来看，她/他可能似乎并不符合你的任何想象或期待。但从内在来看，她/他完全合适，你知道这一点。震动与强度就在那儿。其他人能够触动表面，但她/他能触动本质。其他人老练地存活在世界中，她/他却知道如何与你存在于永恒之中。你们分享的拥抱是天堂到来并在你心中安家的一个明确迹象。

臣服的恐惧

三年前，我认为挚爱到来是为了要留下来。

她乘着超长波来到我的生活中。三个月内，我们共同乘着那波浪，直到她开始害怕并逃开。

她能与我一同触碰永恒的瞬间，但却不能臣服于它。

我准备好把尘世生活融入永恒，她却没有。

我准备好臣服，在爱的海洋中消融，但她却害怕溺亡。

她害怕在我之中失去自己。她不知道她进入了一个不同的子宫，在那里两者的自我皆会被抛下，这样蝴蝶才能破茧。

在臣服的过程中，对失去自我的恐惧是巨大的。

对于一个在过去曾放弃过自己力量的人来说，这可能并肯定是一个危险信号。

只有完全由心灵指引的强大的人才能与挚爱进入这个蝶蛹。

他们是去另外一个地方的旅途中的朝圣者。

这片领土曾被一些人探索过,但很少有人到过那里,而更少有人曾提到过它。

严酷的考验

这是一项考验,
在其中,我们流血牺牲成百上千次,
并复活,
几乎无恙,

具有净化力量的拥抱,
在血与骨中受伤,
好像镰刀收割着田野,
转向我们之中。

这是和生与死密切相连的刀锋,
承诺做出,
只为了被反悔。

这是装饰着花朵的伤口，
被拍卖给最高的竞价者。

这是停战协议，
它如此简洁地被做出，
在天堂与尘世，
男与女，
过去与未来之间。

这是我们痛苦的黑色之谜，
在春雨中，
如花朵般开放。

我遇见了你，
在此生以及之前许多世。
现在，你再一次，
转身离开。

我必须坐在悲伤之中，
毫无期待，

或被释放的承诺。

我必须与那个,
仍然害怕知道她,
只是我的投射的人,
面对面坐着。

穿过那扇门

当你告诉我你这六个月以来的感受时,我决定冒险承认我也曾感受到同样的能量。但我不能走得更远,我们两个人都不处于以能量吸引力行事的状态。

"让我们培养我们的友谊,"我告诉你,"这样,在这些强大得似乎要在我们之中爆发的能量周围就会有某种人类的环境。"

以我自己迟钝的方式,我认为事情会在此结束。我不知道恶作剧之母的葫芦里卖的是什么药。

我与你唯一的身体接触仅仅是牵着你的双手的那个片刻,这已足够纯洁。

我仍然不让这一切逼近。之后你回到家,能量开始在你之中显现,正如三十个月之前它在我之中显现的那样强烈。你也开始拥有了成熟的昆达里尼经验。

我与你一起经验所有这一切。我告诉你:"能量正在穿透进来，因为你准备好了接受它。我没有迫使它发生。"

最初你不相信这一点。你认为这是我施的某种魔法。你认为我在以某种方式充满激情地引诱你，但我没有做任何事情，我只是看着它并与你一起感觉它。

逐渐地，你意识到你自身也拥有与这一能量的连接。尽管我将要消失，但那个连接仍会继续。这是一份从宇宙而来的礼物。

我们的连接似乎强化了我们正在感受的能量。它似乎把它放大，因此它对于我们两人来说至少有两倍那么强劲。

在你坦白你的感受之前，爱河被它的堤岸禁锢。但是一旦你承认了内心的真相，河水决堤，滔滔不绝，把道路上的一切带走，这些都只是时间问题。

现在，我们在河水中畅游。爱的时空被比我们更加伟大的力量注定。我们唯一的选择只是臣服与否。

织 锦

我试图把你从我之中除去,
　　但没有奏效。

我试图把我从你之中除去,
　　那也同样惨败。

我们互相缠绕,
被微妙地编织进同一幅织锦。

我并不想撕裂这个织物。
　　我往后站并欣赏,

那超越思考的,
或超越我们能想出的任何意义的编织物。

信

昨晚你写道：

　　我需要告诉你我爱你。我太害怕说出来了，害怕不知道当我们重新在一起时会发生什么，害怕我们之间的能量会消失。

　　我一直都知道，但不想说出来。而且，我如何能够？我甚至不认识你。你如何爱一个你不认识的人？

　　但如果这一刻是我拥有的唯一一刻呢？我想要说出我的感受，为的是让你知道。我全部的心感受到了它，我全部的身体感受到了它。

　　有时感觉如此强烈，我似乎要随着它的强度变得疯狂，所以我试着抑制它。

我写道：

　　我想这些话很难说出口——经验比言语要广大太多——但我很高兴你现在可以说出来，因为我知道那言语背后的东西。

你写道：

　　感谢今天我们的谈话。之后，我感到如此强烈的能量与温暖回到我的整个身体。

　　我在夕阳西下时在暴风雪之中散步。风景如此美丽。那些树林之中的宁静与孤寂十分美妙。一路上，我不时遇到几只小鹿。我们会彼此对视一会儿，然后它们会优雅而安静地离开。

　　然后我停在这棵美妙的树之前。我感到与周围一切事物有这样的连接。我想到我们如何彼此交换呼吸与生命。

　　在我散步的一处，我途中最爱的部分，雪松泥塘深处，我倚靠在一棵树上，它正在召唤着我，然后我感到那奇妙的、十分强烈的能量几乎立刻就向我靠近。

是的，我的确感到你在那儿。然而，我认为你或许只是催化剂。

你写道：

我想要在我走之前与你分享这些。我的心感到如此宽敞。这是我能够描述它的唯一方式。我的耳朵感到如此敞开。我看着镜中的自己，无法相信我的脸颊有多红润。我的头顶感到奇异，些微头痛，片刻之后，又感到无比开阔。

当我在今晚安顿孩子们睡觉时，我按照你说的做了。当我给孩子们拥抱时，我把双手放在他们身上。他们说没有任何感觉，但我的大儿子说他的肚子感觉好多了。我认为这是一项挑战，让我放弃思考，仅从内心倾洒爱。

我仍然能感觉到那种能量，我想每一次我感受到它，它都让我惊奇。今天在我散步时，我的双手如此冰凉，但我能感到那种能量在我的太阳神经丛与心轮，所以我停下来，闭上双眼，把它传送到我的指尖。忽然间我的双手温暖起来，太神奇了。许多年来我一直试图这么做，现在就是这样做成了。

只要我注意到它，它会一直驻留，并停留在我心中，还是会转瞬即逝的呢？我告诉你我如何在一晚的两个小时之中如此强烈地感受到它，真是十分神奇。我在那一晚感觉到某人正在与我激情地做爱，那完全超越语言与我所经历的一切。

因此，无论如何，我都欢迎它，让它掌管一切。或许我在做梦，或失控，但它似乎更加强烈了。今天我必须解开文胸，因为它让我的胸部感到如此紧绷，就在乳头间的横线那里——那是心轮。

我有机会感受到这一切，因而感到被祝福。我不理解，但我将为它留在这儿，只要它在这儿。

你写道：

昨晚当我躺在床上时，我想我感觉到了你，那时我不是很肯定。我经常有嗡鸣触电的感觉，我设想那是生命力的能量。这之后我能够感受到热量，我还会在我的第一和第二脉轮，也就是骨盆的部位，有生理感觉。那几乎就像我在心中感到的敞开——那扩张但放松的感觉。

或许这些感受都不是来自于你。昨晚我想要去感觉你，但之后想到，或许我只是一个人在这儿编造了这些。

但今天在我与你交谈之后，能量真的十分强烈，它停留在那儿，直至我跃入自己的头脑。我注意到它如何被我心中的感受所影响。

你写道：

我刚从一段非常美妙的散步中回来。我需要一个人静一会儿，所以我开车去了附近一个有许多小径的公园。尽管已是黄昏，我却选了一条我从未走过的小径开始散步。风景如此美丽。雪如毯子般覆盖了地面与倒下的树木。世界完全寂静，我完全一个人。在我还在小径中间的时候，天黑了。我甚至不能看清我面前的路，因为世界全是白色，有些可怕。所以，我让它成为一个相信自己与宇宙的有趣练习。我绕了很远的路开车回家，看到九只鹿与一轮美丽壮观的泛着银光的月亮！

昨晚，足足有一个半小时，我感到我正在从你那里接受能量。我想要知道你是否也有如此的感觉，或是否是我一个人沉浸在我自己狂喜的时刻之中。这是某种共同分享的经历还是我凭空编造出来的？

当然，当我感觉到我的心时，我就感觉到了你。所以，我试图远离思考，这样我就能在心中与你相遇。是的，我也需要狂喜的结合，但我害怕用言语表达。我已经至少十年没有在那样的空间之中了，并且我从未与人分享过它。因此，你赋予我这个空间让我去挖掘它，在它之中漫步、畅游、沐浴、休憩。无比美妙，具有疗愈作用。

我感到自己像一个战士，从战场返回，快到家的时候，让所有盔甲和武器跌落。

尽管如此，我的一部分还是感到害怕。像公园里的那些鹿，它们在那里遇见的人类不会伤害它们。但如果它们冒险走出公园呢？在公园外面，有些人类可能不会对它们如此和善、友爱。

我本想把这些藏入心底，但我真的想要与你分享。我在车上听一张唱片，工作坊的导师正在谈论心轮，谈论我们如何需要与自身结合，但我们却通常通过寻求关系来满足心灵的需求。但之后她说："当你找到一个生活伴侣，那不是因为你害怕进入你的内心，而是因为你已经在那儿了，你知道它需要什么。"当我听到这些时，几乎要从座椅上跌落下来。是的，对于我想要什么、需要什么，我的确有一个了知。我感到我一直都知道，却因为一些原因而不愿承认。

你写道：

昨天一整天，我感觉自己像我家中的一个陌生人。所有事情都如此奇怪。

有时我想，或许我想要奔向你，以此来逃避生活平常庸俗的部分。但之后，我在全身感到你刚刚完全进入了我的身体，那是我未曾拥有过的感受。我感到，如果我能更加频繁地感受到它，我就能够去爱任何人，而且他们可以想待多久就待多久——那完全的狂喜。这一切是怎么回事？你觉得我疯了吗？

潜　鸟

是的,你是一只疯狂的潜鸟。
这里没有别的路。

今年夏天在新汉普郡的我的湖上,
我看到两只潜鸟,一公一母,一对。

它们在彼此身旁游泳,
但有一股强烈的能量连接着它们。

它们是湖水的保管者。
或许那就是我们之所是。

第五部分

自由与奉献
饮下灵药
完全沉浸
放下水桶
第一顿晚餐
生命之树
回　家
爱的舞蹈

自由与奉献

当我思考我们对彼此的爱的质量时,有几件事显得比较突出。首先是安全,我们都在彼此在场时感到安全与随意,在我们作为朋友互相认识的两年中都是如此。

因此,安全感持续在身体层面存在,我们的身体在靠近彼此的时候感觉最好,这不奇怪。这与性无关,是能量母亲拥抱着我们,在它之中我们拥抱彼此。它的抚摸温柔而恭敬。它的感觉是深刻的亲密。

它很自然地过渡到做爱,因为它充满了爱,并想要用任何让挚爱愉悦的方式表达爱。但它也满足于只是在那里,手拉手,共同呼吸。当我把头倚靠在你的胸部时,你既是爱人也是母亲,这让我深深地沉入你。它让我拥有强烈的连接感与归属感。

因此同样,当你进入我的怀抱时,我既是拥抱你的爱人也是保护你的父亲。你倚靠着我,让我保护你。我能感受到你沉入我之中，感受我的力量。我知道你与我在一起时感到安全，能自由地做自己。

这些不是我们送给彼此的刻意的礼物。它们是自然产生的，未经彩排的。它们仅仅是我们能量作用并融合在一起的方式。我们没有做任何事情让它发生。我们只是临在，舞蹈便开始。

确实，我们不能理解这一切是如何发生的，它就是发生了。它聚合我们并开始把我们移动到彼此之中，穿过彼此。

在生命的舞蹈之中，障碍出现，我们在它们周围舞蹈。有时我们温柔地接近它们，它们就那样消散，屈服于我们爱情的强度。我们开始意识到，有些事情只是注定要发生，它们不能被预期或计划，它们不能被设计、激发或推动，甚至祈祷也不行。道——生命的韵律——无法被导演，它只在当下这一刻展开。

当然，我们试图研究爱——来看什么奏效什么不奏效，从我们自身与他人的错误中学习，但这似乎不重要。我们一再犯同样的错误。直到有一天，不知如何或为何，我们做了件有一点点不同的事。一切都转化了，一切都改变了。

我们成为爱人的方式就是如此。我们只是说出我们心中的话。我们完全纯真与信任。突然间，毫不费力地，我们的身体完全沉浸，我们在河水中畅游，它湍急的水流把我们拉向下游。

一旦你进入河流，就不能与之争辩。你不能后退去分析它，你不能问："这对我有益吗？"或："我会安全吗？"你只需要继续移动你的胳膊和腿。

在河水中，充满概念的头脑几乎没有用，实际上它是不相关的。要待在爱情的河流中，你必须信任水流，尽管你不知道它会把你带向何方。你必须投降，满足于一无所知。

对挚爱的爱只在当下这一刻发生。这是河流，它永远流动，从不静止。它要求我们仅停留在当下，警醒，心甘情愿。

你不能期待挚爱会需要什么或知道你将如何满足这种需求，像你能期待并知道如何满足自身的需求一样。生活是持续不断的运动，需求一直在转换和变化。

河流永远无法被预测。有时它在月光下平静地流动。有时起风了，波浪疯狂舞蹈，在它们撞击岩石的时候捕获阳光，生成数不清的彩虹。

爱是无法被预测的。你认为你能知道你需要什么或你的挚爱需要什么吗？不，这不可能，正如要河流在起风的时候保持平静一样不可能。

一切皆是能量，一切皆是运动，一切皆是臣服。

爱在每一刻都需要这种自由与风险，否则它的舞蹈就会结束。如果抗拒水流与风的运动，你将从河流中出来，疲惫而满身伤痕。这就是当爱人试图指挥或控制任何一种爱情的时候可能的结局。

因此，现在我们必须学着在游泳时呼吸，尽管我们的头有时沉入水中。我们必须学着把水从口中吐出并及时呼吸。当我们被推出安全区域的时候，我们必须学着如何处理突如其来的挑战。

真正的爱人学习去跳那份爱想要他们跳的舞蹈，因为他们知道他们别无选择。他们不能停下他们的爱，正如他们不能开始它一样。

爱是且将永远是一个谜。我们不知道它如何来去。开始与结束——如果它们存在的话——不由我们决定。

有些人不理解，他们认为他们能够对爱的召唤说"是"或"不"。他们完全被骗了，没有任何曾经深沉而真挚地爱过的人曾有过这样的选择。

饮下灵药

我们出生于世界的不同角落。
还要生活许多世代,
在我们准备好,
完全对彼此臣服之前。

但现在一切都改变了。

自从冬至来临,
冬天的黑暗日子,
让位于光芒日渐饱满的日子,
我已在你的轨道上生活、呼吸。

冬日的气势被打破,
春日的种子能量,

在我们生命中生根。

现在不管我走向哪里，
你都在那儿，
在我周身闪耀，
好像风吹起时，
在黑暗的水面闪烁的光。

爱人们生活于另一种状态，
其中充满奥秘与悖论。

生活不再像往常那样被感知，
它随意而不可预测，
就像你花园中的花朵，
在我们相遇的日子里于雪中绽放。

日月或许以不同面貌出现，
但它们在最深层与彼此相连。
没有硬币只有一面。

反面也一同出现,
一切显化的存在,
只是它们顽皮舞蹈的随意表达。

光明与黑暗并不存在于,
分离的世界中,
而是在一个不间断的连续统一体之中。
否则我们如何能够相遇?

如果没有生命二元结构,
这内在的和谐,
我们的结合只会,
作为某种未被开发的潜能存在,

一些内心蕴藏的美丽,
从未被双唇说出,
也从未被人类的双手触碰。

我们两个人都无法接受这一命运。
这就是为什么我们不能允许我们的生活,

由狭隘的观点或世俗的逻辑所定义。

星尘遵循我们尚未听说，
也不可能理解的规律。

爱或许是盲目的，
但只有那些爱着的人，
理解我们生活的这一星球，
来自两个天体的神秘结合。

它蕴藏在它们相互的爱的结合中，
作为男与女，
思维与心灵，
身体与灵魂之间完美的平衡。

这就是命运的默契。
我们能够经历它，但永远不能解释它。

这就是为什么你与我将举起高脚杯至唇边，
并喝下，直到我们解渴的原因。

我们有什么选择?

没有活着却尚未爱过的人。
　　没有被赐予灵药,
　　　却拒绝喝下它的人。

完全沉浸

我们都如此惧怕失去控制，但并没有控制。控制是自我的妄想，它保持着错误的信念与期待，认为事物会按照我们想要的方式出现。通常那不会发生。

然而当它发生时，那只能是因为我们清楚我们想要什么，并愿意放弃对我们的需要如何被满足的期待。取而代之，我们信任那个过程，并允许我们的生活随着它们自身的内在节奏与目的而展开。之后，不时地，奇迹确实会发生。

宇宙与我们合作并支持我们经历更大的成长，增加爱与服务的能力。有时就在我们正要开始绝望的时候，我们的需求在这最后关头被满足。有时甚至在我们意识到我们的饥饿之前，我们已凭直觉知道了，而宇宙则带给我们烹调好的装在最美妙的手绘盘子中的晚餐，与佳酿一起被奉上。

我们是否能够重建这一时刻，如果我们想要的话？可能性不大。我们唯一的选择就是张开双臂接受礼物——当它向我们奉上的时候。

许多人问我:"我能做什么才能让挚爱进入?"我如此惊奇人们甚至能问出这个问题。除了跟随你内心的渴望,你还能怎样与挚爱相遇呢?没有别的方法了。

你是否真的认为有可能通过减少你的热情来找到爱情?你是否真的认为,除了内心的追求或身体的韵律之外,还有某种更高形式的爱?没有。那不是爱,那不是奉献。

爱不能被设计,它只能被发现。一旦我们发现它并对它敞开心扉,我们知道那就是来自宇宙的礼物。如果我们用分别心寻找它,我们就永远不会找到它。它只能因为我们心灵敞开而来到我们身边。

爱比任何我们的思维能够召集的事物都更加强大。仅是来自挚爱的一个眼神,就会让精心策划的计划黯然失色。仅是她的一次抚摸就会让你全部的独身誓言都毁于一旦。

爱只求我们一事,它要我们放手,它要我们信任。如果你还有什么东西紧抓不放的话,你就不能去爱。

爱与控制并不相适合,这就是为什么去爱,你就必须抛弃想要去控制、去塑造你的命运、去预知、去拥有可能性(如果不能保证事情必定发生)的想法。不,你不能用头脑去爱,你必须沉入心灵。

那些未陷入爱河的人认为陷入爱河的人都疯了，当然他们是疯了。他们放下了他们的想法。他们所说或所做的与理智无关。他们不以保护自己的方式行动。他们就像在中秋满月时嚎叫的狼。他们绝对是疯狂的。

疯狂并不是某种臆想出来的病，每一位爱人都有。他被诅咒完全在挚爱中失去自我。他甚至不知道他有一个分离的头脑或身体。

这是爱人跳的什么舞蹈，无视我们传统世界的边界与极限？有些人说它只是纯粹的愚蠢，爱人将会从他们的梦中醒来，为自己感到羞愧。

但真正的爱人已经清醒。他的自我消失了——或许是短暂地——但无论如何消失了。爱人只为了服务与取悦挚爱而活。如果他以任何方式与她分开的话，他就不能做这些。

因此，他潜入水中。他放手并纵身跃入未知。没有自我保护，没有仔细考虑自己的选择，他从河流的岸边跳下，让河水拥抱他。

这是只有少数牧师知道的一种洗礼形式。当我们不再抗拒我们自身任何一部分时，当我们对挚爱没有任何保留时，我们就超越了任何罪或羞愧的可能性，去发现我们身体之内以及周围真正的无辜。确实，躺在挚爱身边是最圣洁的行为。在那里，身体完全被奉上，为爱与奉献服务。

不，不是说爱人必须从他沉浸的梦中醒来。正好相反，他必须完全清醒地进入梦境，他必须完全并清醒地加入舞蹈。

人们不是为了离开舞蹈而开始舞蹈。人们开始舞蹈是为了完全臣服，为了变成爱本身的临在。挚爱只是入口，凭借她的帮助，爱人能够跨越分别自我与他人的门槛。

这不是一种世俗的行为，而是一种强烈的灵魂的奉献行为。在它之中没有任何的普通或平淡。它也不是某种传统意义上的"神圣"，因为它没有面具，也不依议程而运行。它是运动中的诗意——是圣典的内在的展开，从心灵至嘴唇——因此，我们听到这些词句，仿若它们第一次被说出。

如果爱向爱人与他们的挚爱施了魔法，那么它就是一个必要的咒。所有进入爱人的重力场的人本身都冒着发疯的危险。我的朋友，这是没救的疾病。

有些人说，他们不知道河流从何处开始。我说，它在你跳下的地方开始。之后它就没有尽头，直到它汇入大海。

放下水桶

我们无法离彼此几十厘米之外而不被吸引回对方的怀抱，这让我们俩都觉得奇怪。我们以为这种状态会在几天或几周之内结束，但事实上它甚至变得更强烈了。心会疼，如果它从这个拥抱中游离出来，然后疼痛把它一次又一次地拉回来。有时似乎有一颗新的心从我们两颗心中生出。这颗心也拥有自身的张合，自身有节奏的舒张和自身强烈的涨退，就像浪潮。

我们生活在相分离的躯体中，但现在那些躯体变得更透明了。共享心灵的奥秘与融合的狂喜冲动——不管这种尝试多么徒劳，都无法被抗拒。我们的拥抱继续在强烈中加深，直到我们共享的能量体被创造出来。那是我们关系的神圣容器。

当我们完全栖息在那个能量体中时，我们的结合是完整的。甚至当我们在身体上分开时，我们也感觉不到分离，而仍在灵魂的结合中。现在爱超越时空而存在。它既在身体中，也在它之外存在。

以这种方式去爱的机遇产生于对联合的强烈欲望与服从它的能力。如果这是相互的，那么通向挚爱的道路就在此世此生展开了。

然而，只要还有从过去储存下来的痛苦和仇恨，道路就不会敞开。真正的爱人必须准备好成为一切并给予一切。他们必须拿出治愈伤口所需的时间，这样他们的心灵才能敞开。只有那样，水桶才能被降到井中。只有那时，挚爱才能在她结束漫长迂回的旅途时解渴。

第一顿晚餐

我住在你心中。你只需要意识到,我就知道我们并未分离。我并不在大海的彼岸。每当你呼吸一次,我就像进出你肺部的空气一样。每当你心跳一次,我就像流过你血管中的血液一样。

你与我从未分离,就像月亮与太阳或地球与月亮从未分离一样。我们一直在彼此永久的关系之中,不断照亮并反射彼此。我们的轨道为给予与接受而完美地设置。我们仅仅需要跟随它们指定的轨道。

人们说"凡是上帝撮合在一起的,没有人能够将其分开",对我们来说就是这样。我们并没有把自己带向这丰盛之桌。我们是被远远超越我们理解或控制的力量带到这儿来的。

你敲响屋子的前门,而不知我正在敲着后门。我们每一个人都分别到来并受到款待。直到我们在晚餐桌上面对彼此坐着，我们才理解我们的神圣使命。

如果我们知道那将要来到的，我们或许会犹豫，或是在我们相遇的时刻之前来到。但是因为我们并不知情，我们就能够学会信任我们的向导，并跟随对我们两者来说都舒服的节奏。

如果我们的自我掌管了此次相遇，它或许就不会发生。或者，如果它发生了，它可能会完全被搞砸。

让我们庆幸我们天真地来到这个地方。让我们也充满感激，当面纱被揭开时，我们能够深深地注视彼此。

爱人与挚爱被牵引到一起还不够，他们还必须睁开双眼，认出彼此。

生命之树

我们无法逃离这一拥抱。

我们互相缠绕,就像生命之树上的枝丫。

一些人会说,是命运让我们走到一起,但这难道不也是自由意志吗?我们难道不也决定了对我们来说最重要的东西并奔向它,不管多么笨拙吗?我们难道没有在黑暗中摔倒许多回,又从地上站起来,心怀光的景象,甚至当我们穿过阴暗的地域之时?

没有挚爱的慧见,爱人就被搁浅到一个他不喜欢或不理解的世界之上。他被放逐到一个贫瘠的小岛之上,被凛冽的风与巨浪滔天的大海包围。但是如果拥有了挚爱的慧见,他就被赋予了一只小船与一个指南针。他能够离开那个孤寂的小岛,扬帆出发到他在心中知道却尚不能看到的地方。

他将在路途中遇到许多挑战。他将经受剧烈的风暴,在风暴中他几乎失去看到陆地的希望。在风暴退去，云朵在地平线处张开，无与伦比的美丽的日出显现的时候，他将长出一口气。

之后一天，突如其来地，他探出头望向水面，看到天边山峰的瘦弱轮廓。当他靠近海岸线并进入港口的时候，他感到内心的涟漪，这让他感到如此熟悉。

当他最终把小船抛锚并游向海岸之时，他毫无犹疑，他到家了。他毫不费力地找到了通往山顶的小径，并燃起了高大的篝火来庆祝他的到达。现在他十分肯定，因为他的慧见最终实现了。

你问我我如何能够如此快地爬上山顶。或许是因为我在山脚下待了许多时日，探索每一处堆满石块的小径，我熟悉小径每一处迂回与转弯，甚至在夜间，月牙的光也足够指引我的脚步。

确定性来自于心灵深处。它深深扎根，不被怀疑或恐惧的风所动摇。它在自身之中栖息。它知道，而不知自己如何知道。

这就是爱人认出挚爱并理解他的慧见业已实现的方式。这一点无法向他人解释。挚爱顺从于这个确定性，尽管她不知道它从哪里来，或要到哪里去。

她也对此毫无准备，但她被完全占据。现在她的身体把他全部纳入。现在他们栖息于彼此的怀抱，好像他们一直在那里栖息，贯穿永恒。

　　那些经过他们的人看到一棵树，而不是两棵枝丫缠绕的树。那棵树拥有深远的荫蔽以及一个天篷，庇护着所有从它之下经过的人。

回 家

我们自哪里来,
也要到哪里去。

如果我们在出发之前就知道,
我们或许就不会踏上旅程。

但因为不知道,
我们决定冒险向前,

寻找某些,
我们不相信自己拥有的东西,

一些丢失的圣杯,
我们必须找到。

在走了许多弯路与死胡同之后，
我们放弃搜寻，

接受我们本来的样子，
之后， 我们走向哪个方向，
便不再重要，
因为事情变得清楚，
所有道路，
都引向同样的地方。

现在我们清楚地看到，

开始只是一场雾，
因为我们已摘下暗色的眼镜，
我们来到，面对面。

这个目的地，
也是我们旅途开始的地方。

或许我们必须离开家,
去寻找回家的路。

或许不是。
或许旅途本身是虚构的。

或许没有结束与开始,

只有没有开始或结束的。
这一刻,

或许没有爱人,
或挚爱,

没有男人或女人,
没有你或我,

只有这无所不包的爱,
在它自己的家中。

爱的舞蹈

生活让他变得谦逊。
他强硬与固执的内心,
变得柔软,
更具有弹性。

他去爱的能力,
接受了检验并被净化。
挚爱的需求,
变得和他自己的一样重要。

他明白了,
他能给予她的最好的礼物,
就是做他自己,
与允许她自己做自己。

他明白了,
只有带着那自由,
以及许可,
爱的舞蹈才能开始。

第六部分

田野上的百合花
被偷走的心
斯芬克斯之谜
泪水
选择

田野上的百合花

我们人类对奋斗上瘾。我们不相信自己能够不用努力工作、牺牲与受苦而谋生。我们以上帝、国家或家庭之名,同意了这个悲伤、冗长乏味、出卖自我的史诗。做出你的选择吧。

但工作不会让我们幸福,就像性与金钱不会让我们幸福一样。幸福并不来自于任何人类能够做的事情,它来自一个人的内心,通常在他不是一心想着自己的时候。

爱与幸福拥有同样的来源。它们来自于心灵,当心灵与自身和他人达成和解的时候,一个人就能像花朵般绽放。

是的,这是真的。我们必须学会放松,我们必须深呼吸并回到我们的身体。我们不能在繁忙的生活节奏中与内心相连,与我们幸福与爱的源头相连。

我们需要沉浸并感受我们的根。毕竟,这是花朵成长的方式。它从下至上开放,而不是从上至下。

然而，人类生活如此头重脚轻，头脑像巨石一样压在身体之上，我们的肩膀被压伤，我们的脖子不再成直线，有什么好奇怪的？压力，肌肉紧绷，在疼痛中扭曲的背部是现代生活的标志。随便触摸一个人，你就能在羽毛本应出现的地方感觉到巨石。

人们谈论天使，而不理解它们被召唤来，要在这个生命中长出翅膀。但翅膀并不生长在像阿特拉斯一样把世界举起的人身上。我们需要把世界放下，以多种方式，而非一种。

你在做什么你认为必须做的事情？你认为生活的哪些部分是你必须牺牲的？你认为在哪些方面别无选择？那就是你的压力所在。那就是你的自我出卖产生的地方。

请深呼吸一口，并意识到"别无选择"是阿特拉斯不得不拥有的信念，因为没有这个信念的话，他就不能为他的工作说明或为肩膀的疼痛正名。没有这个信念的话，他就能让世界从他肩膀上落下，并在树林中散个步或在溪流中游个泳。

没有这个信念，阿特拉斯就不再是阿特拉斯。他不再对世界负有责任。他不再受困于守护者或拯救者的角色之中。他仅仅能够做一个人。

那些试图做神的人很快就变得非人性。他们的动物本性被忽视或违背。欲望变成潜意识。愤怒与恐惧被湮没。身体为了得到认同而大声呼喊，但它的呼声被忽略了。

这不是通往天使的道路，而是通向人间地狱的道路，魔鬼能证明它。只有当我们停止试图成为神时，我们才有成为人的希望，而只有当我们彻底变成人时，我们才有长出翅膀的可能。

任何不能生活在接纳与原谅自身或他人之中的人，在他将长出翅膀的地方仍有牵绊。他急切地需要呼吸。他需要停下如此努力去证明自己价值的尝试。

所有这一切都是被羞愧驱动的，这是完全徒劳的。我们之中没有一个人将证明我们值得被爱。这不是能被证明的东西，特别是当你自己不相信的时候。

自身价值并不来自于思维或任何思考过程，它是完完全全存在的，它随呼吸而来，或者呼吸已经在心理上妥协了。

人类需要心灵的瑜伽，让思维与身体重新连接，让我们的欲求与目的再次相连，为我们的喜悦聚焦和表达自身而腾出空间。有一个道——生命的河流——流入我们的身、心、灵的容器之中。对普拉纳——生命能量——的培养，可以通往随兴与优雅。当道流进我们的内心，它就使我们与风、与月亮、与树木、与整个显化的宇宙亲密相连。

　　唯有思维能让我们与生命分离。思维被占据并只顾自己。它忘记运动或呼吸。它与它生存的根基、它的快乐，它与生命自发的关联失去联系。如果没有与生命的连接，对自我与他人的信任便不可能。我们与神性之间的连接被截断，就好像婴儿的脐带在与母亲分离之前从他身上被剪掉。

　　人类似乎忘记如何滋养自身或他们的后代。他们与自己的身体作战，与他们生活的世界作战。

　　他们生活在高度焦虑的状态中，被那些与身体搏斗的药物拙劣地管理。不，这不是导师在登山宝训中教导我们的生活方式，这是种拙劣的替代方式，这是变得走样、扭曲与凶恶的人类生活。爱与信任在这样的生活中没有地位。

　　阿特拉斯守护着信使进入的门口。他不允许信使进入。现在将不会有施洗约翰或救赎者，只有我们不停创造的监狱同犯与警卫。没有入口，也没有出路。

　　如果我们想要让这座监狱的墙倒塌，我们必须学会呼吸，每一个人单独，然后一起，就像吹垮猪窝的狼。我有消息要告诉你，一只狼不能做到，需要一整群狼，因为我们建造的这座监狱不仅仅是由伤口与虚假的信念所造，它是用砖与灰浆建造的。

　　这就是我认为的人类文明的程度。如果它不是用沥青制造，就是用水泥钢筋制造。有一种沉重笼罩着世界。人类这个造物在地球母亲的肩膀上压下重担。她不是阿特拉斯，她甚至不假装是。除非我们想要杀死伟大的母亲，我们将必须放慢我们疯狂创造的节奏，学着呼吸并与地球重新连接。所有土著人都知道这一点，但我们并没有去问他们。

　　我们与给我们生命的星球发展出了敌对关系。我们离田野上的百合花有一段好长的距离，亲爱的J兄。

　　我们遗忘了爱的定律。我想："我们是否曾知道它们？我们是否曾知道我们与上帝合一，与我们的兄弟姐妹平等，对我们创造的东西负责？我们是否曾理解你的旨意将被奉行这样的表达？"。

　　当星球飞过黑暗的星际空间时，它咳嗽、吐痰，不，这既不是父亲也不是母亲的意愿盛行于这个摇晃的星球。这也不是末日大决战——为女人和男人的灵魂而发动的天空之战——或者如果是的话，英国诗人艾略特是对的，现在地球生病并严重地摇晃。在它的双腿筋疲力尽、声音消失殆尽之前，在它的引擎噼啪作响并"不是随着一声巨响，而是一声呜咽"熄灭之前,不知道它将会蹒跚与结巴多久。

　　我并不想让人惊恐或沮丧。媒体在这方面比我能做的工作更好。我只是以凋谢的花朵的声音发言,它的根又浅又干。我不认为她微弱的声音能够被听到。确实,如果有任何人在听的话,我都会感到惊讶。

被偷走的心

望着你的双眼,
我已死去千次。

我们一起变老,
并忘记,

当我们第一次,
看到彼此的时刻。

那是一个忧伤的时刻。
人们在心灵的流逝中麻木,

一些人永远地迷失了。

不论我们如何努力寻找，
都不能把他们挖掘出来，

或让他们重生。
他们去了一个，
我们永远不会知道的世界。
他们消失了，

并带走了我们的心。

斯芬克斯之谜

I

他们说，
俄狄浦斯不想杀死自己的父亲，
或者娶自己的母亲。

他们说那是某种命运。
但我不相信。
这不是命运。
这不是定数。

这只是当一个人，
试图逃避他所恐惧的事情时会发生的事情。
我说：直面那恐惧。
看着它。

我们都有关于父母的创伤。
就像俄狄浦斯,
我们一些人甚至把它们扮演出来。

我们不能治愈我们的伤口,
除非我们知道创伤的程度,
并拥有直面它的勇气。

如果我们必须闭上双眼的话,
我们便不能治愈,
因为我们害怕看见真相。

‖

你的灵性导师,
在俄狄浦斯的自残中,
看到自我的死亡。

但对我来说,这不是自我的死亡,
而是否认的可怕代价。

把自残的行为等同于,
灵性的成长,
就是对身体与灵魂的合理需求的否认,
与对两者的嘲讽。

它只是加强了,
性与灵性之间的精神分裂,
它肆虐于西方人的思维中。

我更喜欢另外一个,
灵性成长的隐喻,
性毕竟不是罪恶,
禁欲也不是信仰的标尺。

身体并没有挡在真理之前,
而只是赋予我们机会,
在我们之内和周围去发现真理。

去问斯芬克斯。

它并不与他的动物本性作战，
而是全心拥抱它。

只有那些努力修成正果者，
才需要害怕他们的欲望。

剩下的我们满足于，
在尘世发现天堂，
这里生活通常脆弱，
而不设防。

Ⅲ

最终，俄狄浦斯必须明白，
挖出双目，
并不能治愈伤口，
而只是使它加剧。

自残，
或许是一种对罪与悔的表达，
但那不是救赎的行为。

俄狄浦斯将不会从他的痛苦中被释放，

直到他学会原谅，

他的父亲与母亲，

最重要的是他自己。

只有那时，

那双从眼眶中被取出来的锐利的蓝眼睛，

才能恢复到，

它们正确的位置。

通向灵魂的窗户，

因为对身体的可怕行为而关闭，

它必须被重新打开。

光线必须被允许进入，

灵魂中幽暗的地方。

这是融合能发生的唯一方式，

是不再与黑暗相分离的光，

能够与它调和并照亮它的唯一方式。

那样甚至于连失明的提瑞西阿斯,
也能重新恢复视力,
因为知识将不会随着罪与罚的利刃而来,

而是随着同情与原谅的温柔拥抱而来。

IV
因此,戏剧终结,
演员回家,
带着对他们表演的角色沉痛的回忆。

伤口被治愈。
匕首被收回,
放在祭坛上,
为了最终的祝福。

庙宇的钟声,
为你我响起,

并为所有其他暂时在地球上,
失去方向的人响起。

高一个八度,
我们听到奎师那的笛声,
把我们引回,
让我们感到安全与熟悉的地方。

在这个地方,
我们所有人都无罪,
我们所有人都被接纳、被爱,
我们所有人都被原谅。

泪 水

你书写一个关于名叫泪水的女子的故事。她知道所有人知道的,但是害怕承认。她生活在深深的悲伤之中。她非常疲惫,身体无力。

泪水是你,但你不仅仅是她。

你就像一艘小船的船长,它经过一场风暴,船桅破损,船帆撕裂。你到达了安全的港口,你的心绪不宁,你的身体被击打,变得瘀青,你的灵魂战栗。你承受了爱的风暴,是的,风暴造成了损失。

我在你眼中看到了这些。我感受到了你心中被遗弃的小女孩的痛,她只是想要被妈妈爱,却遭到一顿打。生活对你不友善,但你却幸存下来。你寻找到一种在一切困难中爱自己的方式。

你看,我亲爱的,你学会了很少有人学会的东西,你学会了依靠自己。

当然，一开始你希望你的骑士会出现，带着你穿过狂风暴雨的水面。但每次你把舵柄让给其他人，风暴都变得更强，而你则付出了代价。最后，你接受了独自航行的需求。你明白没有任何其他人能够把你带向安全的海港，在那里你能够休憩并重建生活。

现在终于，你必须给自己空间与时间去疗愈。汲取照耀在你身上的温暖的阳光吧，永远离开冰冷的山与严酷的风。你工作得像个奴隶、为生活而奋斗的日子结束了。一生的奋斗与虐待需要有个了断。

让记忆与梦出现，写下它们。让你留存于内心的情感的潮水倾泻而出。不要控制这一切，让堤坝坍塌。

是时候让你哭出你留存心中的泪的海洋了，是时候让你的身体因绝望和隐藏的悲伤而颤抖了。请你毫无保留，对一切放手。

你在这里是安全的。这里你能一直哭到没有一滴眼泪剩下。是的，现在成为泪水吧。完全成为她。

会有一天，泪水消失于你悲伤的海洋，海洋会带走她。紧抓她将不再是你的工作。你会让她进入保存着所有痛苦与悔恨的悲伤的海洋。你将把她释放到那位不能够爱你或她自己的母亲那巨大痛苦的心中。

是时候知晓并相信，在我们的痛苦中，我们被治愈了；在我们的悲伤中，我们被提升了；在我们虚假自我的死亡中，我们重生于一个全新的、更好的生命。

我们被布道者告知："万物都有定期……生有时，死有时，栽种有时，收获有时，伤痛有时，医治有时。"

这是注定的疗愈之时。这个探求漫长而深入，而现在它结束了。搜集来的石头必须被散落在风中。

这不是拥抱的时刻，而是避免拥抱的时刻。现在被撕破的必须被修补。

爱的时刻会再次来到的，因为万物皆有其时节，但现在不是爱的时刻。

现在是自性出生的时刻，是光芒在黑暗中被发现的时刻，是真理在内心的沉寂中被说出的时刻。

选 择

他必须做出选择的时刻来临了,
因为他拥有两位灵魂伴侣,而非一位。

一位他能与之共同生活,
另一位他不能。

一位分享他的床与他的房,
另一位拥有她自己的床与她自己的房。

一位来去自如,
另一位从未离开他身旁。

一位来到他身边,学习依靠她自己发光,
另一位满足于反射他的光。

一位启发他并为他的创造而喜悦，
另一位倾听他并在他哭泣时抱住他。

他知道他必须仔细选择，
因为他选择的那一位将陪伴他度过余生。

不知为何，
所有这一切都在之前发生过。

与他抗争的那一位将赢得这场比赛，
但她最终将会失去他。

说来也奇怪，
她对此并不在意。

第七部分

彻底的接纳
神圣的伴侣关系
深化
显圣
显现
导师
爱人与挚爱相遇

彻底的接纳

　　我们许多人都幻想灵魂伴侣会解决所有问题，治愈所有伤口，爱我们正如我们想要被爱的那样。如果我们不放弃幻想，它将变成一个十字架，在其上我们的关系将会一遍又一遍被钉死。

　　为了知悉我们关系的真相，我们必须放弃对完美伴侣的需求或为了我们的伴侣而变得完美的需求。只有自我才需要完美，但是没有任何自我对另外一个自我来说是完美的。自我必须臣服于灵魂与物质连接的现实。

　　我们的伴侣每一刻都挑战着我们，让我们接受她/他现在所是的样子，而不是她/他过去或我们在将来想要她/他成为的样子。我们必须每时每刻给予彼此彻底的接纳，否则我们的灵魂连接就不可能达成。没有这个连接的话，我们的关系就将缺乏能量与目标。它将失去它的神圣，变得世俗。

神圣的伴侣关系

我们旅程第一阶段的焦点是个体与私人的，它与要求我们做自己的权利有关，它与我们做出自己的决定并为它们负责有关。当我们个人被赋予的工作做完了，我们就成了与另外的人类潜在的平等的人。我们准备好了与朋友、同伴、爱人、伴侣一起走过人生。

在这一阶段的旅途中，我们不需要为放弃我们的权力而担心。我们知道我们不能，而且不会这么做。现在我们满足于带来我们自己的礼物并接受其他人带来的礼物。

只有两个十分强有力的、确信他们之间平等的个体才能创造出这样的连接。如果任何一个人感觉到不安全或不值得，他就不能完全处于当下并富有责任感，而伴侣创建平等关系的能力也将被减弱。

为了让神圣的关系进化，两个人都必须真正想要平等，并为创造它而献身。这种献身是每个人为这段关系带来的礼物。它不能被要求、协商或交换。它要么被自由完全地给予,要么就根本不被给予。

深　化

当我们顺从于我们之间的关系本来的样子时，我们就开始发掘我们联合的隐秘财富。我们摘下面具，看到生活与行动于面具之下那个真正的人。我们对彼此可见，毫无防备。我们赤裸裸地在本质上连接。我们在我们共同呼吸的地方相遇，在我们思想与感受发生的地方相遇，在我们心灵敞开与关闭的地方相遇。

这只是我们共同经历的开始。在炼金之火中，思想必须汇集成真理。感受必须变得一致，变成接纳与爱。

在炼金之火的中心，自我与他人之间的界限必须消融。"我"必须变成"我们"。二必须变为一。

只有两个变成个体的人才能做到这一点。那些尚未进入他们力量中的人必须继续设限并坚持他们的界限，这样他们才不会沦落入相互依赖。他们必须聚焦于"我"，因为他们在过去太轻易地背叛了自己。

但真正的爱人必须超越限制和界限。他们必须超越"我",而不抛弃它。他们必须发掘"我们"并允许"我"在更多的意识与经历中发现自己的位置。

灵魂伴侣向爱人之旅这个第三阶段发出邀请。第一阶段是家庭与抚育子女,第二部分是个体,第三部分是爱与降服。

没有挚爱,"我们"就不能完整。她/他是这一转变工作的助产士,自私的爱由此消亡并重生为无条件的爱。

爱人与挚爱在一个蝶蛹中共同成长,好像在蝉蛹里的毛毛虫。蝴蝶的翅膀在黑暗与具有转换力量的子宫中生出色彩与形状。如果那些翅膀要安全地在蝶蛹中形成的话,耐心与信任是必要的。

显 圣

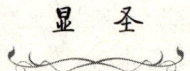

没有挚爱的爱人，
就像没有大地的天空，
就像没有船桨的小船，
漫无目的地游荡，
被风推搡，
被浪肆意拉扯。

但当挚爱出现，
在生命的秋天，
目标的引擎被点燃。
森林生辉。
金黄与绯红的树叶，
在它们的丰盛与纯洁中绽开。

头脑学会信任,
身体学会臣服。
两团明亮的火焰,
曾经分别燃烧,
现在融合为一束稳定的光,
一种爱,一颗心,一个永恒的拥抱。

显 现

献给我的女儿亚里安娜

我知道你认为你来这个世界上,

是为了受苦与死亡。

很多年你试图隐藏你的痛苦,

当你不能隐藏的时候,

你试图抗拒这可怕的生命的诞生。

与此同时,大火肆虐,

在山腰,

你无力改变,

它毁灭的程度或路途。

你等待你的时机,这是对的。

甚至连你坚忍地克制的，
泪水的洪流，
都不能装满一个水桶，
来对抗火焰。

但我知道，你也将有一天会知道，
火焰有它的目的，
所有那些经受火焰的人，
都被它们转化，
不管他们是否愿意。

许多年来你背负着你的痛苦。
现在它背负起你。

现在你听到生命，
含糊而颤抖的声音，
在你之内隆隆作响。
现在你听到不安的声音，
在你心中震颤。

再也无法安静。

不论你多努力抗拒,
你痛苦的诗歌,
都将来到你的唇边,
你将如一片树叶般颤抖,
在寒冷的夜风中。

出生是一件突然和不可预知的事。
因为很多夜晚没有任何事发生,
然后某一夜,
你的心裂开,
你的灵魂从漫长的睡眠中被扰动,
把你从黑夜中举起,
进入这炽烈的早晨,
就像凤凰从灰烬中重生。

一个小女孩的羞愧,
一夜间被火焰燃尽,
显露出她的单纯,

她饱受摧残、流血的身体，
在绯红色的天空中复活。

来自过去的痛苦与创伤，
最终被原谅，
并随着寒冷的夜风消散，
离开大地，
越过水面。

风暴过后，
海面平静。
没有任何船只被看见。
只有天空倒映在深邃的蓝色水面。

导 师

　　你不像其他女人，她们不知道如何为挚爱保留空间，但你知道。你耐心等待我多年，甚至在我来到你的生活之后，你仍然在等待。你一直等到那些需要被说出的话不能再被克制。你等到友谊的双臂延伸为爱情的怀抱。

　　我那棵在迪索托国家纪念公园的树亦是如此，它的枝丫充分而优雅地向四方舒展。它与天空、大地共舞，为它与两者的关系而快乐。

　　当你遇到这棵树时，它真的会带走你的呼吸。你必须记得去呼吸。你必须记得你也是天堂与尘世的中介。你必须把呼吸带入你的根部并把它深埋入大地。只有当你如此扎根，你才能欣赏这棵树的力量与目的。

　　我的树是一首正在创作的诗。惠特曼与鲁米会懂得它的。

　　像这样的树不需要一个爱人。它是自己的爱人。它既代表男人也代表女人，既代表树根也代表枝丫，既代表天空也代表大地。它淋漓尽致地表达自己，又庇护着你，像一位伟大的母亲。

孩子们看到这棵树时都变得疯狂。他们无法离开它。它如此平易近人，它邀请他们进入它的枝丫，正如母亲邀请她的孩子来她的胸口吮奶。成人在他们的道路上驻足，观赏这棵树的壮美。有些人注视许久，进入某种静谧的遐想或神秘的体验。

这棵树是一个象征，象征着在它完全充满力量并自由地做自己时的爱可以是什么样的。这样注视着彼此的爱人们已

经栖息在挚爱的怀抱中了。

　　这不是你能教别人做的事情，这只是当你准备好的时候发生的事情。真爱不能被学习或被教授。它不能被设计或使之显现。它拥有自身的、需要找到其真正表达的内在节奏。

　　真实性不是习得的，它存在于内心中，它是有机的。要找到它，我们必须接受并学会信任我们的真相。

　　似乎十分讽刺，但只是通过做自己我们就为共同的美善做出了最伟大的贡献，因为我们为所有来到我们道路上的人展示了对他们来说可能的东西，就像耶稣或佛陀向我们展示了完全自由与接纳的状态。

　　对人类来说，把他们的性与灵魂相结合，从而找到一种在自身的意识与经验中让天空与大地相连的方式，是很大的挑战。在此意义上，与挚爱的舞蹈正是共同能量的果实，它已在他们自身的意识中发生。

　　我的树比我遇到的任何其他存在都更加壮丽地展示了这一点。它冲入云霄的势态如此神奇，充满诗意，在它纯净的喜悦中如孩子一般，但这只可能是因为它平等地与大地相连。当你注视着我的树时，我问你："哪个更多，水平的还是垂直的？是有更多男性能量上升至天空，还是有更多女性能量与大地相连？"你将看看并回答："两者同时都是。"

我的树展示了一种新的谭崔。它教导我们深深地休憩于我们的真相，相信我们的直觉，允许我们自己以在此刻感觉舒服的任何方式去成长，进入彼此之中。他教导我们要随意，但不匆忙。当我们信任自己的内在节律时，耐心与随意就一道而来。旋转的黏土与陶工的双手合而为一。

　　我的树是活生生的对中心的冥想。它是运动与静止的互相渗透。它拥有中心的深邃与在边缘运动的自由，这一点只有旋转的托钵僧能够理解。如果鲁米遇见这棵树的话，他甚至会发现一位比大不里士的夏姆斯更加伟大的灵魂导师。

　　加西亚·洛尔卡理解一些关于树的能量。他的橄榄树变成了一个女人，或者相反？他写道：

> 那拥有姣好面容的女子，
> 不停捡拾橄榄，
> 风灰色的臂膀，
> 缠绕在她腰间。
> 树，树，
> 干枯而翠绿。

　　许多追求者到来，试图说服这个女子跟他们走，但她拒绝了。她必须继续在自身之中栖息。她的舞蹈不是外在的，而是内在的。她在自身之中完整。作为女人，洛尔卡看到她在捡拾橄榄。但是作为一棵树，她也在栽种它们。她自成一体，自我培育。她给自身带来爱，因此她有爱去给予别人。

爱人或许会来捡拾她的果实，但他们不能把她带走。她不能从自身之中被带走。她将不会被连根拔起。

她很高兴分享自己的果实，因为她知道她有丰盛的供给。但一旦树被连根拔起，果实就会死亡。

因此许多人会来了又走，但她将保持她自身所是，并停留在她所在的地方。有一天，一个追求者将来到并把根放在她身旁。他将在她身旁成长。他们的枝丫与果实将融为一体。你将不能分辨出一个在哪里结束，另一个又在哪里开始。

我的树已经在这种极乐状态中了。他没有表面上的爱人，但所有来到他身边的人都爱他并歌颂他的美貌。遇到他的人对他永远无法忘怀。他们带他们的朋友与家人来坐在他的天篷下。所有到来的人都带着敬意与尊重。就像我，他们知道他们在一位导师身旁。

爱人与挚爱相遇

爱人与挚爱、男人与女人、天空与大地必须在自性之中被发掘。寻找爱的外在旅程不可避免地要走向终点,人们意识到,如果挚爱不活在心中的话,她就不能在世界中被找到。

那么谁才是灵魂伴侣呢?灵魂伴侣是意识到这一真理,并能把你作为她自身的倒影认出来的人。

你的灵魂伴侣知道你是谁,也知道她是谁。她只需要注视着你的双眼就知道了。当你们在一起之时,言语不是必要的。没有任何要说的或要做的。

甚至来自她双手最随意的抚摸都把电流输送到你的全身。当你注视着她的双眼时,你落入河水中,不能爬出来。你必须待在那儿,直到水流不再与你纠缠。

你与她都不知道那将会是何时。你只知道当请帖到来时,你必须接受它。

不管你怎样尝试,都不能在这个世界与灵魂伴侣在一起。

因为一旦你们在一起,世界就消失了,只剩下你们两个人。

当她注视着你时,你知道她的眼睛不只是眼睛,而是广袤的海洋。只是来自她的匆匆一瞥,你就被放逐到海洋中央某个小岛之上。

如果你有任何你需要在这个世界上做的事情,就请不要注视那双眼睛。在你尚能做出选择之时转身。因为一旦你注视了,你过去的生活就将结束。

如果你曾经活在心灵的寂静中,即使是几个短暂的瞬间,那么你就会知道这个地方。那是在你之内的一块平静而狂喜的地方,一块运动与静止合而为一的地方。当挚爱在场的时候,只有自性,没有其他。因此,当你栖息于你的内心时,挚爱就在你身旁。你永远不能真正与她分开,或她与你分开,只要你停留在你的内心而她停留于她的内心。

有时我们很难理解这一点。我们认为挚爱是一个人,他与我们分离,来了又去。但挚爱并不和我们分离,甚至也不是我们的一部分。挚爱永远不能被降低至一个部分,而是一直反射着全部。

你看,爱人并不需要挚爱,他已经拥有她。如果有任何需要的感觉,那么挚爱都不可能出现。只有当爱人知道他在自身之中是完整的,这时挚爱才能出现。

当然，挚爱会以一个人或另外一人的面貌出现。但挚爱不是一个人，挚爱是被显化的意识的实现。

你看到灵魂伴侣的概念被糟糕地误解。人们想象灵魂伴侣为爱人带来某种他生活中缺失的爱。但不是，这不可能。

灵魂伴侣只能反射已经存在的爱。她/他不能带来任何不在那儿的东西。如果她/他能够，她/他将只是成为相互依赖的爱的另外一个化身。

相互依赖的爱需要人的在场。至高无上的爱超越了人。

是的，任何人都能成为挚爱，但挚爱不是任何人。挚爱是被唤醒、在自身之内去爱的爱人。因为她学会了为自身带来爱，她也能为你带来爱。

神圣的婚姻是内在的过程。它不是向某些其他人描述我们的关系，而是向我们自己。一旦婚姻在内部发生，爱就在每一刻狂喜地展开。

在任何时刻，挚爱都可能以某种形式出现。在任何时刻，爱人都有可能意识到自身之中的真相。这些可能看上去是两件不同的事情，但它们确实是一件相同的事情。

当我们栖息于心灵的寂静之中时，狮子就能与羔羊共处。爱人与挚爱在一个坚不可摧的拥抱中缠绕。

许多人想要知道如何去做这些，但它不能被告知。如果你需要知道如何做，你就不能做到它。如果你做到它，你就不需要知道如何做。

生活是随机的，是未经彩排的。当我们准备好跃入河流时，我们就敞开了大门，它就会出现，与我们相遇。

那些跨越了门槛的人，当他们被问及爱的源头与终点之时必须保持沉默，因为每个人必须在他们准备好的时候亲自踏上旅程。没有人能为他准备好这一时刻——当他被要求启程的时候。直到那时，所有爱人都会明智地记起一个简单而永恒的真理：你的内心不缺少任何东西，你不必向外寻求。你需要的一切都已经给予你，你只需要认领。

当你转动门把手，向内拉，门就打开了，就是如此简单。当你准备好了，你将跨过门槛。

直到那时，所有这一切都是一个谜并必须保持如此。如果我们想要理解身体的分离，我们就必须意识到我们心中的那个临在。之后我们将理解身体并不是必要的。那时我们将会自由。那时我们将完全生活于奥秘中，来去自如。